高等学校应用型特色规划教材

U0653908

信息系统软件设计

（C♯.NET 版）

徐宝林　李承高　郭雪妍　刘　美　**编著**

上海交通大学出版社

内 容 提 要

信息系统软件设计在软件设计领域占据了相当大的比重,信息系统软件设计方法是软件工程人员必须关注的问题。

本书阐述了信息系统软件设计的基本内容以及信息系统软件开发的基本过程与信息系统分析、设计的基本方法。

本书可作为应用型本科院校计算机专业或高职高专学校相关专业的教科书,也可作为相关学科科技人员的参考书。

图书在版编目(CIP)数据

信息系统软件设计/徐宝林,李承高,郭雪妍,刘美编
著. —上海:上海交通大学出版社,2010
ISBN 978-7-313-06547-6

Ⅰ.信... Ⅱ.①徐... ②李... ③郭... ④刘...
Ⅲ.信息系统—软件设计 Ⅳ.TP311.5

中国版本图书馆 CIP 数据核字(2010)第 103247 号

信息系统软件设计

(C♯.NET 版)

徐宝林 李承高 郭雪妍 刘 美 编著

上海交通大学出版社出版发行
(上海市番禺路 951 号 邮政编码 200030)
电话:64071208 出版人:韩建民
常熟市文化印刷有限公司 印刷 全国新华书店经销
开本:787mm×1092mm 1/16 印张:15.75 字数:386 千字
2010 年 8 月第 1 版 2010 年 8 月第 1 次印刷
印数:1～3 030
ISBN 978-7-313-06547-6/TP 定价:32.00 元

前　　言

本教材定位针对计算机应用型人才的培养,集成了信息系统软件设计的诸多主流技术,充分体现应用性、综合性,在理论教学中追求精简并尽可能实现抽象到形象的转化,在实践教学中追求通用、集成、综合。

本书力图克服了理论过多、过深及应用过于肤浅、片面的弊病,较好地实现了综合应用的集成,适合应用型本科及高职高专层次高年级学生学习。

本书第一手资料来源于教学、科研及项目开发实践,涵盖了. NET 技术、数据库技术、软件工程技术及 XML 技术的综合应用。

本书共分 14 章。第 1 章介绍了基于三层结构的信息系统架构及信息系统设计的主要内容;第 2 章介绍了信息系统设计的基本方法;第 3 章介绍了基于 Web 的数据绑定技术;第 4、5、6、7、8 章分别介绍了数据浏览、数据检索、数据插入、数据更新、数据删除技术的典型方法及策略;第 9 章介绍了应用程序访问后台数据的模块划分技术;第 10 章介绍了基于业务流程的数据库设计方法;第 11、12 章介绍了视图与存储过程的应用;第 13 章介绍了数据库与 XML 的数据交换技术;第 14 章介绍了信息系统的设计案例。

本书第 1、10、11、12、13、14 章由徐宝林老师编写,第 2、3、4 章由李承高老师编写,第 5、6、7 章由郭雪妍老师编写,第 8、9 章由刘美老师编写。

为使读者尽快领悟信息系统软件设计的核心技术,作者在编写过程中力求图文并茂并附有大量实例,为读者练习及教师开展教学提供了丰富素材。

由于编著者水平有限,书中不当之处,敬请读者指正。

编著者

2010 年 5 月

目　　录

1　信息系统软件设计概述 ································ 1
　1.1　什么是信息系统 ································ 1
　1.2　信息系统软件架构 ································ 2
　1.3　所谓 B/S 结构 ································ 3
　1.4　信息系统软件设计要研究的主要问题 ················ 3
　习题 ································ 8

2　信息系统分析 ································ 9
　2.1　信息系统分析概述 ································ 9
　2.2　系统需求调查与可行性分析 ···················· 10
　2.3　业务流程分析 ································ 12
　2.4　数据流程分析 ································ 13
　2.5　描述处理逻辑的工具 ···························· 16
　2.6　功能需求分析 ································ 17
　2.7　面向对象分析 ································ 19
　2.8　小结 ································ 22
　习题 ································ 23

3　数据绑定与数据验证 ···························· 24
　3.1　数据源控件与数据源对象 ························ 24
　3.2　数据访问控件 ································ 30
　3.3　数据绑定的概念与方法 ·························· 38
　3.4　数据验证控件 ································ 44
　习题 ································ 47

4　数据浏览设计 ································ 48
　4.1　什么是数据浏览设计 ···························· 48
　4.2　数据浏览设计的常用输出控件 ···················· 48
　4.3　基于数据库的浏览设计 ·························· 50
　4.4　基于 XML 的浏览设计 ·························· 60
　习题 ································ 66

5　数据检索设计 ································ 67
　5.1　什么是数据检索设计 ···························· 67

5.2　数据检索设计的常用输入、输出控件 ·· 67
5.3　数据检索设计 ·· 67
习题 ·· 84

6　数据插入设计 ··· 85
6.1　什么是数据插入设计 ·· 85
6.2　数据插入的界面设计 ·· 85
6.3　数据插入设计 ·· 85
习题 ··· 101

7　数据更新设计 ·· 102
7.1　什么是数据更新设计 ··· 102
7.2　数据更新的界面设计 ··· 102
7.3　数据更新设计 ·· 102
习题 ··· 119

8　数据删除设计 ·· 120
8.1　什么是数据删除设计 ··· 120
8.2　数据删除的界面设计 ··· 120
8.3　数据删除设计 ·· 120
8.4　安全删除设计 ·· 135
习题 ··· 136

9　应用程序处理后台数据的模块划分 ·· 137
9.1　应用程序处理后台数据的模型 ·· 137
9.2　应用程序处理后台数据的模块划分及功能实现设计 ·································· 138
9.3　应用实例 ··· 140
习题 ··· 143

10　基于业务流程的数据库设计 ··· 144
10.1　业务流程的表示 ·· 144
10.2　基于业务流程的一些基本概念 ··· 144
10.3　研究角度 ··· 145
10.4　前台用户与后台用户 ··· 145
10.5　基于业务流程的数据库设计小型案例 ·· 146
10.6　基于业务流程的数据库设计中型案例 ·· 150
10.7　基于三层结构的数据库设计需求分析 ·· 167
习题 ··· 170

11 视图 171

11.1 为什么要使用视图 171

11.2 使用视图的一个典型案例 171

11.3 应用程序使用视图 172

习题 174

12 存储过程 175

12.1 为什么要使用存储过程 175

12.2 应用程序调用存储过程 176

12.3 应用程序发送查询与调用存储过程执行效率的比较 179

习题 181

13 数据库与 XML 的数据交换 182

13.1 XML 数据存储到数据库的设计 182

13.2 关系数据库表转换为 XML 文档的方案设计及比较分析 185

习题 189

14 信息系统设计案例 190

14.1 编写需求说明书 190

14.2 业务流程建模 193

14.3 数据库设计 197

14.4 系统设计与实现 208

参考文献 244

1 信息系统软件设计概述

本章要点

◆ 什么是信息系统
◆ 信息系统软件架构
◆ 信息系统软件设计要研究的主要问题

1.1 什么是信息系统

信息系统(Information System)是以提供信息服务为主要目的的数据密集型、人机交互的计算机应用系统。它在技术上有四个特点：

(1) 涉及的数据量大。数据一般需存放在辅助存储器中，内存中只暂存当前要处理的一小部分数据。

(2) 绝大部分数据是持久的，即不随程序运行的结束而消失，而需长期保留在计算机系统中。

(3) 这些持久数据为多个应用程序所共享，甚至在一个单位或更大范围内共享。

(4) 除具有数据采集、传输、存储和管理等基本功能外，还可向用户提供信息检索、统计报表、事务处理、规划、设计、指挥、控制、决策、报警、提示、咨询等信息服务。

信息系统是一种面广量大的计算机应用系统，管理信息系统、地理信息系统、指挥信息系统、决策支持系统、办公信息系统、科学信息系统、情报检索系统、医学信息系统、银行信息系统、民航订票系统……都属于这个范畴。

就用途来说，信息系统的基本结构又是共同的。它一般可分为四个层次：

(1) 硬件、操作系统和网络层是开发信息系统的支撑环境。

(2) 数据管理层是信息系统的基础，包括数据的采集、传输、存取和管理，一般以数据库管理系统(DBMS)作为其核心软件。

(3) 应用层是与应用直接有关的一层，它包括各种应用程序，例如分析、统计、报表、规划、决策等。

(4) 用户接口层，这是信息系统提供给用户的界面。信息系统是一个向单位或部门提供全面信息服务的人机交互系统。它的用户包括各级人员，其影响也遍及整个单位或部门。由于信息系统的用户多数是非计算机专业人员，用户接口的友善性十分重要。用户接口在信息系统中所占比重越来越高。信息系统的开发和运行，不只是一个技术问题，许多非技术因素，如领导的重视、用户的合作和参与等，对其成败往往有决定性影响。由于应用环境和需求的变化，对信息系统常常要做适应性维护。在开发和维护过程中，尽可能采用各种软件开发工具是十分必要的。

信息系统是一种对各种输入的数据进行加工、处理,产生针对解决某些方面问题的数据和信息。其主要内容是为产生决策信息而按照一定要求设计的一套有组织的应用程序系统。[1]

1.2 信息系统软件架构

1.2.1 客户机/服务器体系结构

客户机/服务器体系结构是一种软件体系结构类型,其信息处理分布在一个或多个信息请求者(客户)和一个或多个信息提供者(服务器)之间。

客户/服务器结构包括了两层结构、三层结构和多层结构。对两层结构而言,是客户机直接与服务器进行信息交互;对三层结构而言,是在两层结构的基础上进行了扩展,即在客户机与服务器之间加了一层中间件;多层结构则是在三层结构的基础上对中间件继续分层。

客户机/服务器体系结构是相对于单机集成处理而言的。

1.2.2 三层结构

三层结构是一种客户机/服务器结构,用户界面、逻辑功能的处理("业务规则")、数据存储分布在独立的模块。

三层结构是一种软件架构和软件设计模式。这种架构除了具备通常的模块化软件的优势以外,还定义了层与层之间的接口,这为这三个层次中的任何层次升级或更新提供很好的适应性。例如,操作系统在表示层的变化时只会影响用户界面代码。

通常情况下,用户界面运行在 PC 机或工作站,并使用一个标准的图形用户界面。逻辑功能的实现由在工作站或应用服务器上运行的一个或多个独立的模块完成,在数据库服务器是 RDBMS 计算机数据存储逻辑。

中间层可能是多层次(在这种情况下,整体架构被称为"n 层结构")。

三层结构包括以下三层(见图 1.1):

1) 表示层

这是应用的最顶层。表示层(Presentation tier)只是用户界面,它是通过直接输入、输出信息与其他层进行通信。

2) 应用层(业务逻辑/逻辑层/数据访问层/中间层)

相对两层结构来说,逻辑层是从表示层单独分离出来的一层,并作为其自己的层,它描述处理来自表示层数据的应用逻辑及数据库访问逻辑。

3) 数据层

数据层(Data tier)是数据库服务器,完全独立于应用服务器,数据进行集中式存储,既出于安全方面的考虑,也出于数据访问性能方面的考虑。

图 1.1 是三层结构的一个实例。

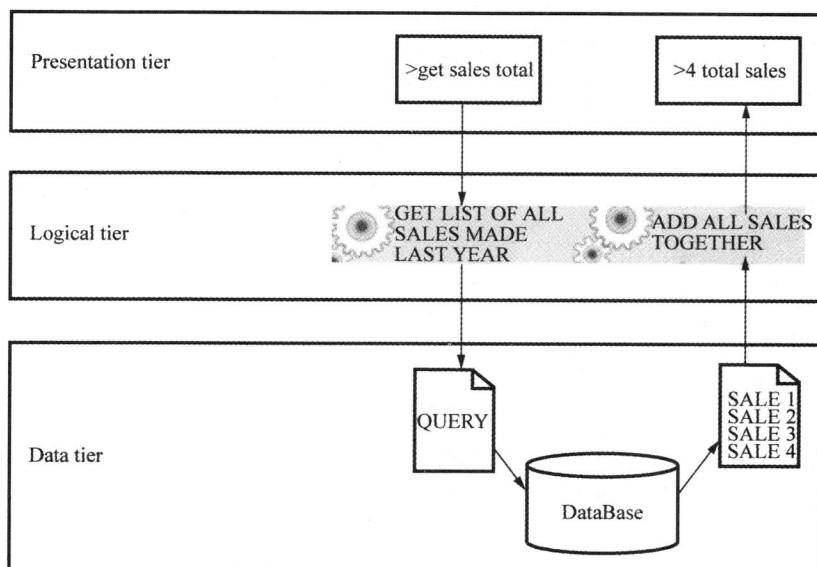

图 1.1   三层结构实例

1.3   所谓 B/S 结构

笔者搜索了大量国外网站并浏览了相当数量的有关软件架构方面的文章,并没有发现"B/S 结构"这一说法。

"B/S 结构"只是国人自己提出来的一种说法,提出一个新名词本无可厚非,但有一种现象不得不在此说道一番。国内网站有许多关于"BS 结构与 CS 结构区别"方面的文章,其实是没有任何意义的,因为"BS 结构"的本质仍然是客户机/服务器模式。

1.4   信息系统软件设计要研究的主要问题

对信息系统软件开发人员来说,研究的焦点集中在逻辑层和数据层。

1.4.1   逻辑层研究的主要问题

1.4.1.1   从表示层的功能角度研究

表示层直接面对用户,从用户的角度来看,用户只关注界面的输入、输出是否满足自身需要,至于功能实现的细节不在考虑之列。几乎所有的信息系统都必须实现以下功能。

(1)数据浏览功能。

(2)数据检索功能。

(3)数据录入功能。

(4)数据更新功能。

(5)数据删除功能。

(6)用户管理功能(对于后台管理员来说)。

对于一个信息系统来说,可能有多种及多个用户在使用它,出于安全考虑,用户必须分类并赋予不同访问权限,以便用户在权限允许范围内行使各项数据操作功能。

因此,从表示层来看,逻辑层应实现以上功能,这就决定了逻辑层应解决以下问题:

(1) 数据浏览的实现逻辑。

(2) 数据检索的实现逻辑。

(3) 数据录入的实现逻辑。

(4) 数据更新的实现逻辑。

(5) 数据删除的实现逻辑。

(6) 用户管理的实现逻辑。

1.4.1.2　从逻辑层处理后台数据角度研究

逻辑层在处理后台数据库数据时可看成是两个端点之间的信息交互,两个端点分别是应用程序服务端、数据库服务端,两个端点之间的信息交互就是应用程序服务端访问数据库服务端并返回数据的过程。其基本模型如图 1.2 所示。

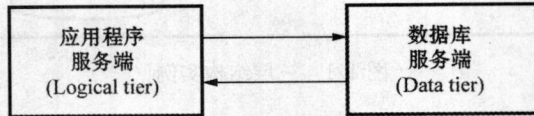

图 1.2　应用程序处理后台数据的基本模型

对逻辑层来说,必须先将数据库数据变成某种形式的内存流,应用程序处理内存流并将其输出到表示层。数据库数据变成某种形式的内存流后,既可存放在逻辑层,也可存放在数据层,这就导致了应用程序处理内存流有两种方式:

1) 在逻辑层访问内存流

这里所说的在逻辑层访问内存流可做如下理解:

(1) 应用程序连接数据库服务器。

(2) 应用程序通过某种方式从数据库服务端提取数据到应用程序服务端并生成内存流。

(3) 应用程序断开与数据库服务器连接。

(4) 应用程序直接在应用程序服务端访问内存流并为用户提供服务。

基于以上理解,该模型的逻辑结构描述如图 1.3 所示。

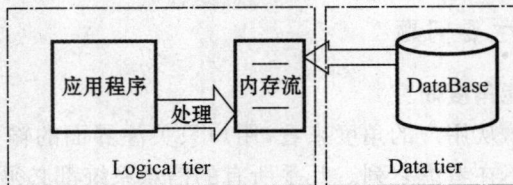

图 1.3　在逻辑层访问内存流模型

2) 在数据层访问内存流

这里所说的在数据层访问内存流可做如下理解:

(1) 应用程序连接数据库服务器。

(2) 应用程序通过某种方式访问数据库服务端并在数据库服务端生成内存流。

（3）应用程序保持与数据库服务器连接。

（4）应用程序从数据库服务端访问内存流并为用户提供服务。

基于以上理解，该模型的逻辑结构描述如图1.4所示。

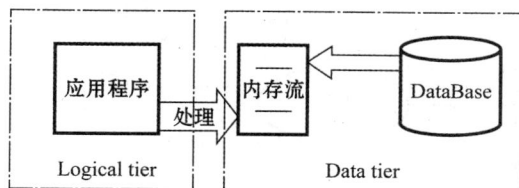

图1.4 在数据层访问内存流模型

1.4.2 数据层研究的主要问题

1.4.2.1 数据来源的分析研究

数据库设计是信息系统开发的一个重要环节，在进行数据库设计之前，对软件开发人员来说，必然要面对一个非常现实的问题，那就是进行数据库设计的基础是什么？用什么方法来获得这种设计基础？软件开发的经验告诉我们，分析用户的业务流程是获得数据库设计数据基础的较好办法。

1）系统语境建模

系统语境建模就是从用户使用系统的角度进行高度抽象。

所有存在于系统外部并与系统进行交互的事物构成了系统的语境，语境定义了系统存在的环境[2]。

例如，图1.5就显示了一人系统的语境。其中"用户1"可使用系统的业务1、业务2，"用户2"可使用系统的业务3。这里所说的业务1、业务2、业务3是具体业务的高度抽象，而"用户1"、"用户2"在具体建模时必须是具体的，因为语境建模所强调的是围绕在系统周围的参与者。

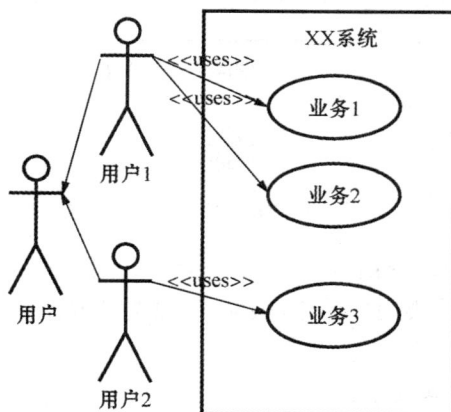

图1.5 系统语境建模

2）业务功能分解

在系统语境建模中，用户所能进行的业务操作是抽象的，每项业务所能完成的功能是不明确的,这时就需要对业务功能进行分解,用 UML、用例图可以进行分解描述。图 1.6 是对"用户 2"的业务进行业务功能分解。

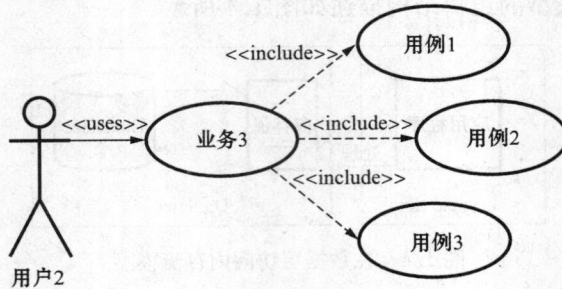

图 1.6　"用户 2"的业务功能分解

3) 分析业务流程

在用例图中,只是对抽象业务进行了具体化,但每个用例的具体业务流程是什么并没有反映出来,软件设计的经验告诉我们,要存储到数据库中的诸多信息就隐藏在具体业务流程中,所以,明确业务流程是非常必要的,也是必须的。业务流程仍然是可以建模的,UML 的活动图就能进行很好的描述。

例如,假定"用户 2"完成"用例 1"需要完成三步操作,那么图 1.7 描述了"用户 2"实现"用例 1"的业务模型。

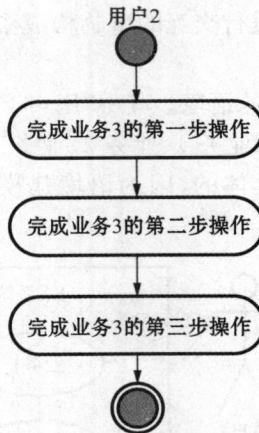

图 1.7　"用户 2"实现"用例 1"的业务模型

再假定,"用户 2"在完成以上操作的第二步中,对某类信息要进行反复操作并需要将操作后的结果存储起来以供其他同类用户操作,很显然,这类被操作且需存储的信息就是数据库设计的基础。

1.4.2.2　从数据处理的逻辑角度研究

1) 创建视图

基于以下理由,在进行数据库设计时有必要创建视图。

(1) 定制用户数据,聚焦特定的数据。

(2) 简化数据操作。

（3）保护数据安全。

（4）合并分离的数据。

2）创建存储过程

存储过程是由一些 SQL 语句和控制语句组成的被封装起来的过程，它驻留在数据库中，可以被客户应用程序调用，也可以从另一个过程或触发器调用。它的参数可以被传递和返回。

根据返回值类型的不同，我们可以将存储过程分为三类：返回记录集的存储过程，返回数值的存储过程（也可以称为标量存储过程）以及行为存储过程。

使用存储过程的好处：

（1）减少网络通信量。

（2）执行速度更快。

（3）增强编程的适应性。

（4）让应用程序和数据库的编码分布式工作。

3）创建索引

在应用系统中，为合理地索引数据库中的表，可以极大地提高应用系统的性能。

（1）在点查询中，使用索引，可以快速地定位单条记录在表中的位置。

（2）在域查询中，通过索引可以快速获取记录在表中的存储范围，从而减少查询的 I/O 操作。

（3）如果一个查询涉及的字段都包含在索引中，数据库系统就使用索引访问，代替对表的访问。

（4）对一个查询，如果要求对处理结果进行排序，那么在查询时使用索引，将会避免排序操作的执行。

（5）能更快速地实现多表连接操作。

4）数据访问安全问题

数据访问权限控制是保证数据安全的主要手段。它主要包括了账号管理、密码策略、权限控制、用户认证等方面。具体可采取以下措施：

（1）最小化权限原则。数据库管理员仅仅分配账号的足够使用权限。比如，如果一个用户只需要进行数据库的查询工作，那么这个用户使用的权限就只能局限于 select 语句，而不能有 delete、update 等语句的使用权限。

（2）最高权限最小化原则。确保管理员账号的数目足够少。管理员账号的数量和安全危险性是成正比的。

（3）账号密码安全原则。分配账号的密码必须符合密码安全原则的要求。基本密码安全要求包括：密码长度（8 位以上）、密码复杂性（必须同时包括字母、数字和符号）、密码结构非连续性（密码构成内容必须是在键盘上分别隔离的元素，1234asdf 这样的密码结构就是不符合要求的）等。

（4）用户认证是否足够安全。密码是否经过加密，确保认证过程的密码安全性，用户认证过程是否有日志记录。

（5）详尽的访问审核。访问审核能够为损害等提供可查依据。

（6）设置文件的访问控制，确保文件不会被人修改、删除。

习题

(1) 什么是信息系统？

(2) 简述信息系统软件架构的分类。

(3) 软件架构中三层结构分为哪三层？简述每一层的功能是什么？

(4) 简述信息系统软件设计要解决的主要问题。

2 信息系统分析

本章要点

◆ 可行性分析的内容、分析报告的内容和分析步骤
◆ 业务流程分析的内容、方法,并绘制业务流程图
◆ 数据流程的分析方法,并绘制数据流程图
◆ 数据字典的主要项目和描述处理逻辑的三种工具
◆ 功能/数据分析和 U/C 矩阵的绘制方法
◆ 系统分析报告的撰写
◆ 面向对象分析与设计

要准确地将现实系统的运作反映到所开发的信息系统中,必须对现实系统进行深入地剖析,掌握过程和业务流程的细节。系统分析就是将系统分解,找出系统的功能模块及要处理的数据对象,以交互实现整个系统目标。系统分析的方法有传统的结构化分析方法和面向对象的分析方法。传统的结构化分析方法是通过业务调查、业务流程分析、数据流程分析等方法找出系统的功能模块和数据联系;面向对象的分析方法主要分析业务用例及处理序列、对象的属性与方法。

2.1 信息系统分析概述

2.1.1 什么是信息系统分析

系统分析就是以系统的观点,对已经选定的对象与开发范围进行有目的、有步骤的实际调查和科学分析。系统分析的主要目的是建立新系统的逻辑模型。

2.1.2 信息系统分析的任务

1) 用户需求分析

详细了解每一个业务过程和业务活动的工作流程及信息处理流程,理解广大用户对信息系统的需求,进而形成系统需求说明书。

2) 系统逻辑模型设计

在用户需求分析的基础上,运用各种系统开发的理论、方法和开发技术确定出系统应具有的逻辑功能,然后用适当的方法表达出来,形成系统的逻辑模型。

2.1.3　信息系统分析的步骤和工具

1) 信息系统分析步骤

(1) 接受用户要求。

(2) 初步的业务调查与可行性分析。

(3) 详细调查与分析。

(4) 建立系统逻辑模型。

(5) 提交系统分析报告。

2) 信息系统分析常用工具

(1) 业务流程图、数据流程图。这是对系统进行概要描述的工具。它反映了系统的全貌，是系统分析的核心内容，但是对其中的数据与功能描述的细节没有进行定义，这些定义必须借助于其他的分析工具。

(2) 数据字典。可对上述流程图中的数据部分进行详细描述。它起着对数据流程图的注释作用。

(3) 数据库设计工具——规范化形式。对系统内数据库进行逻辑设计。

(4) 功能描述工具——结构式语言、判断树、判断表。这是对数据流程图中的功能部分进行详细描述的工具，它也起着对数据流程图的注释作用。

2.2　系统需求调查与可行性分析

2.2.1　系统需求调查的内容与调查方法

1) 系统需求调查的内容

(1) 组织结构调查与功能分析。组织结构图用于反映组织内机构设置情况，反映组织机构内各机构之间的关系。组织结构图采用层次模块的形式绘制，图的结构为分层树形，如图2.1 所示。

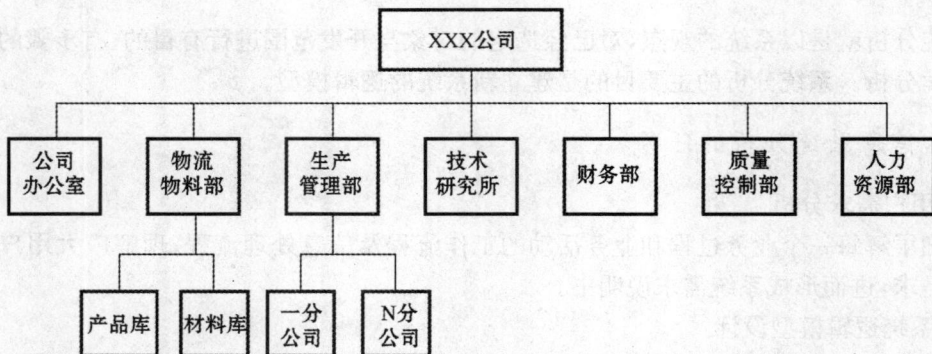

图 2.1　某企业的组织结构图

(2) 管理功能调查。组织结构图反映了组织内部和上下级关系，但是不能反映组织中的主要业务和业务所承担的部门、机构之间的关系，也不能反映承担业务部门在业务上的作用和重要程度。

利用组织和业务关系图将组织和业务联系起来,进一步反映组织内部各机构和业务之间的关系(见表2.1)。

表 2.1　某生产制造企业组织机构与业务功能之间的关系

	序号	组织业务	计划科	设计科	质量科	生产科	总工室	人事科	销售科	总务科	采购部	仓库	……
功能	1	计划	*			V	V					X	
	2	销售			V				*			X	
	3	供应	V			V					*	V	
	4	人事						*					
	5	生产	V	V	X	*	*					V	
		……											

表中:"＊":该项业务是对应组织的主要业务;
　　　"X":该单位是参加协调该项业务的辅助单位;
　　　"V":该单位与该项业务有关;
　　　空白:表示该单位与对应业务无关。

(3)业务流程调查。

(4)数据流程调查。

(5)处理过程调查。

(6)系统环境调查。

系统需求调查的核心内容是业务流程调查,主要解决三个方面的信息:现在是如何进行的、应该怎样进行、需要什么样的信息或数据?

2)调查的方法

(1)开调查会。

(2)发调查表。

(3)访问。

(4)直接参加业务实践。

2.2.2　信息系统可行性分析

1)可行性分析的内容

(1)开发的必要性。

(2)技术可行性:

① 硬件。

② 软件。

③ 网络。

④ 企业的技术力量。

(3)经济可行性。

(4)组织和管理可行性。

2) 可行性分析的步骤

(1) 检查系统规模与目标。

(2) 研究当前的系统。

(3) 建立新系统的高层逻辑模型。

(4) 重新定义问题。

(5) 导出和评价解题方案。

(6) 拟定开发计划,书写文档并提交审查。

3) 可行性分析报告的主要内容

(1) 信息系统概述。

(2) 现有信息系统的分析。

(3) 建议选择的信息系统。

(4) 可选择的其他信息系统方案。

(5) 投资及效益分析。

(6) 社会因素方面的可行性分析。

(7) 结论。

2.3　业务流程分析

2.3.1　业务流程分析的任务

业务流程分析是在业务调查、业务功能分析的基础之上将其细化,利用系统调查的资料将业务处理过程中的每一个步骤用一个完整的图形将其连接起来。

业务流程分析可以帮助我们了解业务的处理过程,发现和处理系统调查工作中的错误和疏漏,修改和删除系统的不合理部分,在新系统基础上优化业务处理流程。

业务流程分析的主要任务是调查信息系统中各环节的管理业务活动,掌握管理业务的内容、作用及信息的输入、输出,数据存储和信息的处理方法及过程等,为建立信息系统数据模型及逻辑模型打下基础,在此基础上,尽量用标准的符号描述,绘制现行信息系统业务流程图。

2.3.2　业务流程图

1) 业务流程图常用的图形符号

(1) 业务处理单位:用圆形符号。

(2) 业务处理功能描述:用矩形框。

(3) 表格/报表制作:用卡片框。

(4) 收集/统计数据:用文档框。

(5) 信息传递过程:使用箭头。

2) 业务流程分析

例如,运输管理的业务流程分析(见图 2.2)。

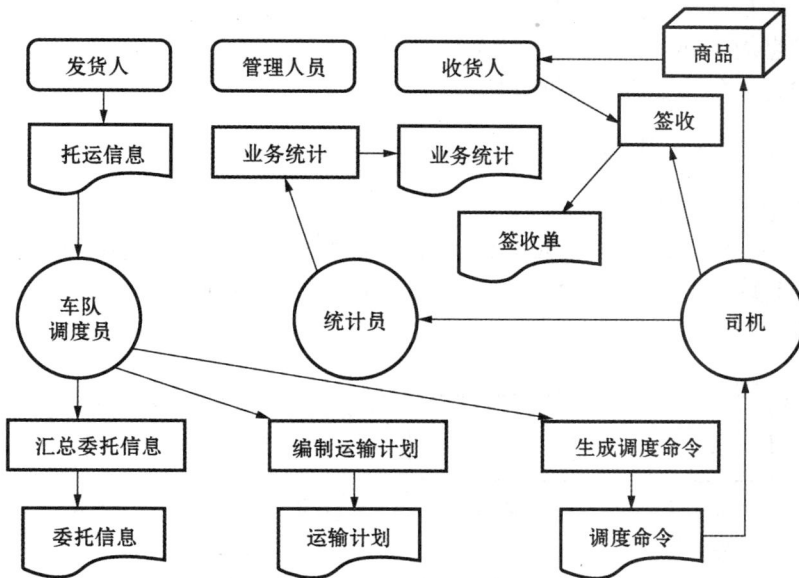

图 2.2 运输管理业务流程

2.4 数据流程分析

数据流程分析就是把数据在原系统内部的流动、传递、处理、存储等情况抽象地独立出来，单从数据流动过程考察实际业务的数据处理模式。数据流程分析是数据处理和数据库设计的基础，在信息系统分析中具有十分重要的作用。

2.4.1 数据流程分析的任务

1）数据收集

（1）各部门的正式文件。

（2）现行系统的说明文件。

（3）各部门外的数据来源。

2）数据分析

（1）数据分类：

① 系统输入数据类。

② 系统内要存储的数据类。

③ 系统输出的数据类。

（2）数据汇总：

① 对调查收集的资料分类编码和按顺序排列。

② 整理数据项，记录数据的原始单据或凭证。

③ 将原始数据和最终数据进行分类整理。

④ 确定数据的字长和精度。

（3）数据分析的方式：

① 围绕系统目标进行数据分析。

② 弄清信息周围环境。

③ 围绕现行业务流程进行数据分析。

2.4.2 数据流程分析举例

1）数据流程图

数据流程图(Data Flow Diagram,简称DFD)是描述新系统数据输入、数据输出、数据存储及数据处理之间关系的一种有力的工具,也是与用户进行紧密配合的有效媒介。画DFD图时常用符号如下:

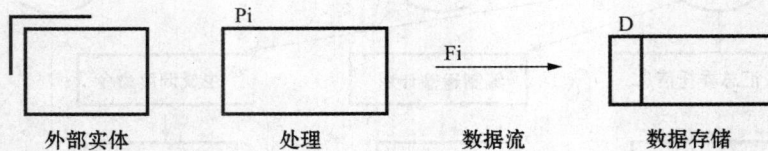

外部实体　　　　处理　　　　数据流　　　　数据存储

2）数据流程图绘制示例

数据流程图的绘制按自顶向下,逐层分解细化的原则进行。一般先画出顶层数据流程图,再分别画出中层和底层数据流程图。假设要开发一个销售与库存管理的信息系统,则与之交互的外部实体有管理人员、供应商、销售部及物料部等。

（1）顶层数据流程图。

供应商传递给系统的是供货记录,即F1;销售部与系统交互的是销售记录及库存记录的更新(即F4和F5)等数据(见图2.3)。

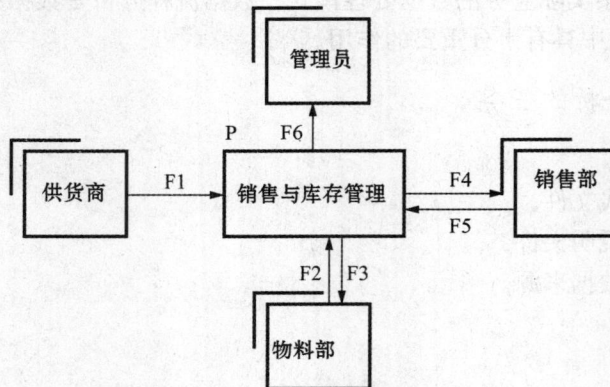

图2.3　销售与库存管理顶层数据流程图

整个系统又可分解成若干个功能模块,如可分成销售管理(P1)与库存管理(P2)两个模块。这些模块的数据流程图即是中层数据流程图。

（2）中层数据流程图。

供应商与库存管理(P1)的数据交互即入仓管理则是底线层数据流程图之一。F1数据包括与审核或检验部门的送货记录数据F1.1,入库记录F1.5,合同数据F1.2,合格品记录F1.3,其他数据请读者自己分析(见图2.4,图2.5)。

类似地可以画出商品销售的底层数据流程图(见图2.6)。

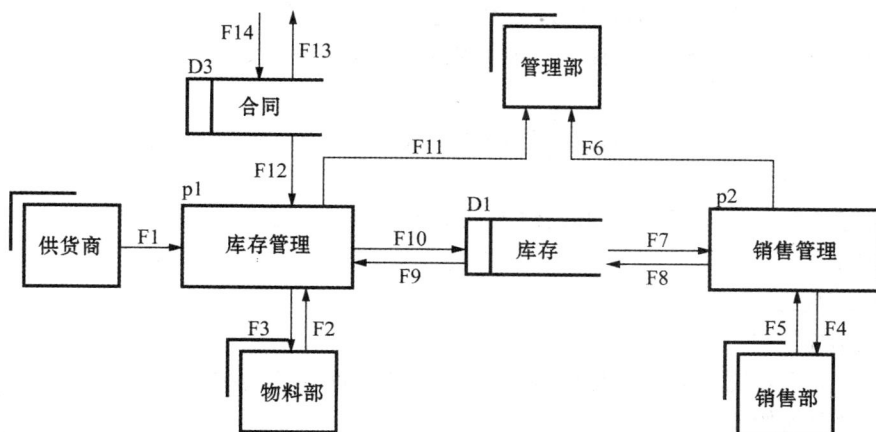

图 2.4 销售与库存管理中层数据流程图

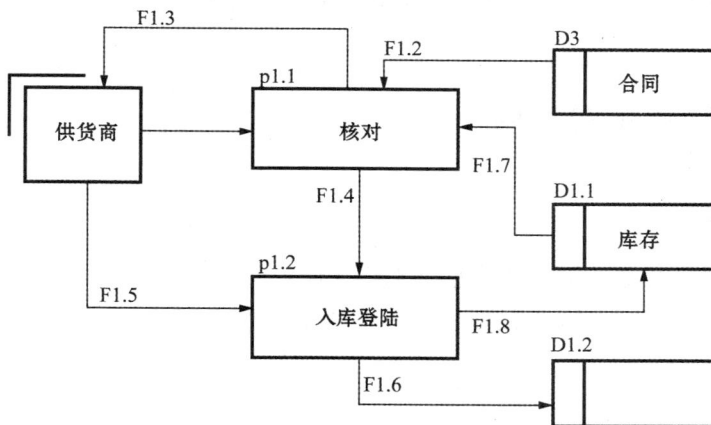

图 2.5 商品入仓数据流程图

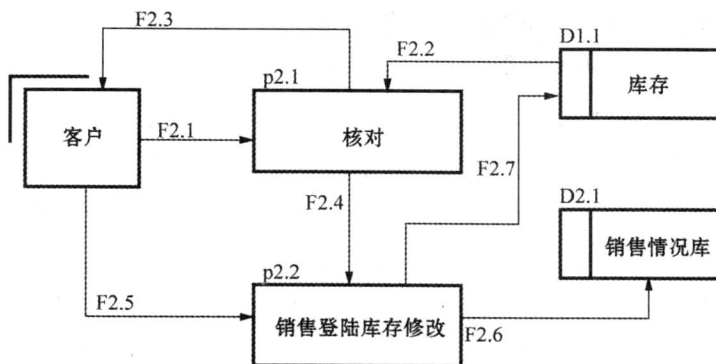

图 2.6 商品销售数据流程图

2.4.3 数据字典

通过数据流程分析,便可编制数据字典。

数据字典(Data Dictionary,简称 DD)是关于数据信息的集合,是结构化分析方法的有力工具,它在数据流图的基础上,对其中出现的数据流、外部实体、处理、文件和数据项进行定义的工具。

数据字典包括的项目有:数据项、数据结构、数据流、数据存储、处理逻辑和外部实体。

1) 数据项的定义

数据项定义是对数据流、文件和处理所列数据项的进一步描述,主要说明数据项类型、长度与取值范围等。

2) 数据结构定义

3) 数据流定义

数据流定义主要说明数据流是由哪些数据项组成的,包括数据流编号、名称、来源、去处、组成与单位时间内的流量等。

4) 数据存储定义

数据存储定义用来对文件进行定义,包括数据存储编号、名称、输入数据流、输出数据流、组成与组成形式等。

2.5 描述处理逻辑的工具

2.5.1 结构化语言

结构化语言是一种专门用来描述处理逻辑的语言形式。

结构化语言没有严格的语法规则,借助于简单的祈使句、判断语句和循环语句,清楚地表达处理逻辑的含义。

2.5.2 判定树

判定树是由左边(树根)开始,沿着各个分支向右看,根据每一个条件的取值状态,可以找出相应的策略(即动作),所有的动作都在判定树的最右侧。

例如,对供应商入仓排队的处理,如图 2.7 所示。

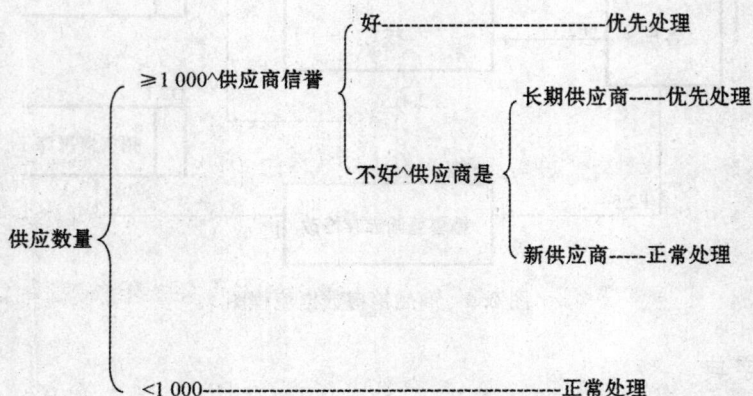

图 2.7 对供应商入仓排队的处理

2.5.3 判定表

判定表是采用表格方式表示处理逻辑的一种工具。它将所有的条件列在表中,通过条件的组合,表明应采取的策略。

判定表的编制方法:

(1) 列出所有的 n 个条件;

(2) 列出所有的条件组合,条件组合数最多为 2n 个;

(3) 按全部条件组合列出其对应的行动方案;

(4) 整理方案(见表 2.2)。

表 2.2 整理方案

		规则 1	规则 2	规则 3	规则 4	……
条件	条件 1	Y				
	条件 2		N			
	条件 3					
	条件 4		N			
处理	处理 1			Y		
	处理 2				Y	Y
	处理 3					N
	处理 4					

对上述问题用判定表处理如下(见表 2.3):

表 2.3 判定表应用示例

		规则 1	2	3	4	5	6	7	8
条件	供应数量>1000	Y	Y	Y	Y	N	N	N	N
	供应商信誉好	Y	Y	N	N	Y	Y	N	N
	长期供应商	Y	N	Y	N	Y	N	Y	N
处理	优先处理	Y	Y	Y					
	正常处理				N	N	N	N	N

2.6 功能需求分析

信息系统的关键是功能模块的划分,U/C 矩是一个较好地划分功能模块的工具。

2.6.1 U/C 矩阵

U/C 矩阵借助一个二维表格来描述其分析的内容,分析的内容就是 x,y 两个方向的坐标变量。如果将 xi 和 yi 之间的联系用二维表内的"U"、"C"来表示,就构成了一个 U/C 矩阵。U/C 矩阵字母 C 表示有关的业务过程产生了所对应的主题数据库中数据并使用该数据,字母 U 指出有关的业务过程使用对应的数据库中数据。

2.6.2 建立一个 U/C 矩阵步骤

(1) 首先要自顶而下进行系统划分。

（2）然后逐个确定具体的功能和数据。

（3）最后填上功能数据之间的关系。

U/C 矩阵示例如表 2.4 所示。

表 2.4　U/C 矩阵示例

业务过程 \ 数据	计划	财务计划	产品	零件规格	材料表	材料库存	成本库存	任务单	设备负荷	物资供应	工艺流程	客户	销售区域	订货	成本	职工
经营计划	C	U													U	
财务规划	C	U													U	U
资产规模		C														
产品预测	U		U									U	U			
产品设计开发			C	C	U							U				
产品工艺			U	C	C	U										
库存控制							C	C	U		U					
调度			U						C	U						
生产能力计划									C	U	U					
材料需求			U		U					C						
操作顺序								U	U	U	C					
销售管理			U				U					C		U		
销售			U									U	C	U		
订货服务			U									U		C		
发运			U				U							U		
通用会计			U									U				U
成本会计														U	C	
用人计划																C
业绩考评																U

2.6.3　U/C 矩阵求解

U/C 矩阵的求解过程就是对系统结构划分的优化过程。

求解是在子系统划分相互独立和内部凝聚性高的原则下进行。

求解过程为：使表中的"C"元素尽量靠近 U/C 矩阵的对角线，然后以"C"元素为标准，划分子系统。求解过程如图 2.8 所示。

因此，上述系统可分解为六个模块，即经营计划、产品工艺、生产制造、销售、财会、人力资源等模块。

过程＼数据类	计划	财务计划	产品	零件规格	材料表	材料库存	成本库存	任务单	设备负荷	物资供应	工艺流程	客户	销售区域	订货	成本	职工
经营计划	C	U													U	
财务规划	U	C													U	U
资产规模		U														
产品预测			U									U	U			
产品设计开发	U		C	C	U							U				
产品工艺			U	U	C	U										
库存控制						C	C	U		U						
调度			U					U	C	U	U					
生产能力计划									C	U	U					
物料需求			U		U	U					C					
操作顺序								U	U	U	C					
销售区域管理			U									C		U		
销售			U									U	C	U		
订货服务			U									U		C		
发运			U					U						U		
通用会计			U									U				U
成本会计			U											U	C	
用人计划																C
业绩考评																U

图 2.8　U/C 矩阵的求解

2.7　面向对象分析

面向对象的需求分析基于面向对象的思想，以用例模型为基础。开发人员在获取需求的基础上，建立目标系统的用例模型。

2.7.1　UML 简介

UML(Unified Modeling Language)，即统一建模语言，是一种标准的图形化建模语言。它主要用于软件的分析与设计，用定义完善的符号来图形化地展现一个软件系统。UML 的使用可以贯穿于软件开发周期的每一个阶段，适用于数据建模、业务建模、对象建模和组件建模。作为一种建模语言，UML 并不涉及编程的问题，即与语言平台无关，这就使开发人员可以专注于建立软件系统的模型和结构。

UML 2.0 版本由四个部分组成，即基础机构、上层结构、对象约束语言、图交换标准。

基础结构和上层结构构成了 UML 2.0 提案需求的主体部分。基础结构的设计目标是定义一个元语言的核心库，通过对此核心的复用，可以定义各种元模型。上层结构的设计目标是复用基础结构中的制品，提高对基于构件开发和模型驱动体系结构的支持，同时优化架构的规约能力。

UML 2.0 支持 13 种图，其中有 6 种结构图和 7 种行为图。结构图也称为静态模型图，主要用来表示系统的结构，它包括类图、组织结构图、组件图、部署图、对象图和包图。行为图也称为动态模型图,主要用来表示系统的行为,它包括活动图、交互图、用例图和状态机图。其中交互图是顺序图、通信图、交互概况图和时序图的统称。

结构图中常用的有类图和对象图。类图主要用来表示类、接口、协作以及它们之间的关系。对象图主要表示对象的特征以及对象之间的关系。

行为图中常用的有用例图、顺序图、状态机图和活动图。用例图用来描述一组用例、用例的操作者以及它们之间的关系。顺序图用来显示若干对象间的动态协作关系,强调对象之间发送消息的先后顺序,描述对象之间的交互过程。状态机图用来描述类的对象的所有可能的状态,以及引起状态转换的事件。活动图用来重点描述事物执行的控制流或数据流,是一种描述交互的方法。

UML 使问题表述标准化,有效促进了软件开发团队内部各种角色人员的交流,提高了软件开发的效率。

2.7.2　面向对象分析的一般步骤

1) 找出用例

所谓用例是指系统中的一个功能单元,可以描述为操作者与系统之间的一次交互。用例常被用来收集用户的需求。

首先要找到系统的使用者,即用例的操作者。操作者是在系统之外,透过系统边界与系统进行有意义交互的任何事物。操作者并不限于人,也可以是时间、温度和其他系统等。比如,目标系统需要每隔一段时间就进行一次系统更新,那么时间就是操作者。

操作者执行的每一个系统功能都看作一个用例。

图 2.9 为某图书馆信息管理系统的用例图。

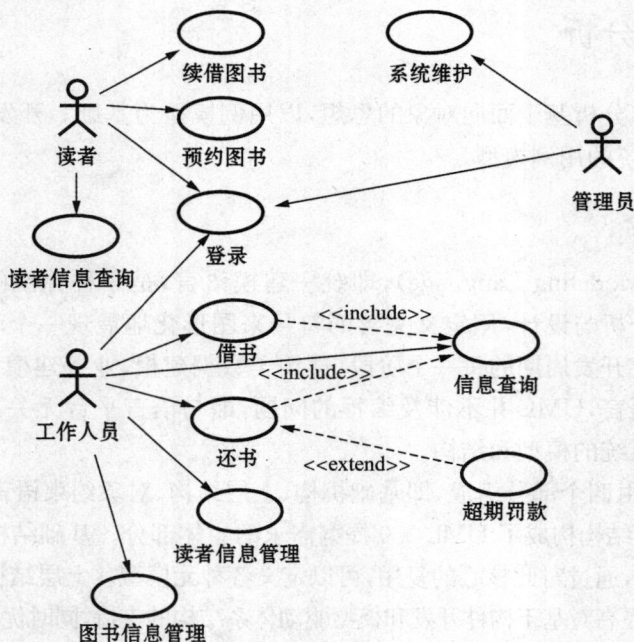

图 2.9　某图书馆信息管理系统的用例图

2）定义目标系统中的对象和类

确定了系统的所有用例之后，就可以开始识别目标系统中的对象和类了。把具有相似属性和操作的对象定义为一个类。

目标系统的类可以划分为边界类、控制类和实体类。

边界类代表了系统及其操作者的边界，描述操作者与系统之间的交互。它更加关注系统的职责，而不是实现职责的具体细节。通常，界面控制类、系统和设备接口类都属于边界类。

控制类代表了系统的逻辑控制，描述一个用例所具有的事件流的控制行为，实现对用例行为的封装。通常，可以为每个用例定义一个控制类。

实体类描述了系统中必须存储的信息及相关的行为，通常对应于现实世界中的事物。

3）分析类之间的关系

确定了系统的类和对象之后，就可以分析类之间的关系了。对象或类之间的关系有依赖、关联、聚合、组合、泛化和实现。

依赖关系是"非结构化"的和短暂的关系，表明某个对象会影响另外一个对象的行为或服务。

关联关系是"结构化"的关系，描述对象之间的连接。

聚合关系和组合关系是特殊的关联关系，它们强调整体和部分之间的从属性，组合是聚合的一种形式，组合关系对应的整体和部分具有很强的归属关系和一致的生存期。比如，计算机和显示器就属于聚合关系。

泛化关系与类间的继承类似。

实现关系是针对类与接口的关系。

4）识别对象之间的交互

明确了对象、类和类之间的层次关系之后，需要进一步识别出对象之间的动态交互行为，即系统响应外部事件或操作的工作过程。一般采用顺序图将用例和分析的对象联系在一起，描述用例的行为是如何在对象之间分布的。

5）建立模型

将需求分析的结果用多种模型图表示出来，并对其进行评审。由于分析的过程是一个循序渐进的过程，合理的分析模型需要多次迭代才能得到。

2.7.3 面向对象分析实例

创建网上书店系统的用例模型（见图 2.10）。

（1）创建用例图。

（2）添加用例模型的操作者。

（3）添加操作者之间的关系。

（4）添加用例之间的关系。

（5）添加对用例的文字性描述。

至此，网上书店系统的顶层用例图已经绘完。根据用例模型的分层思想，还可以对顶层用例图中的用例进行细化，即继续绘制低一层的用例图，如网上书店系统中"订单管理"模块的底层用例图（见图 2.11）。

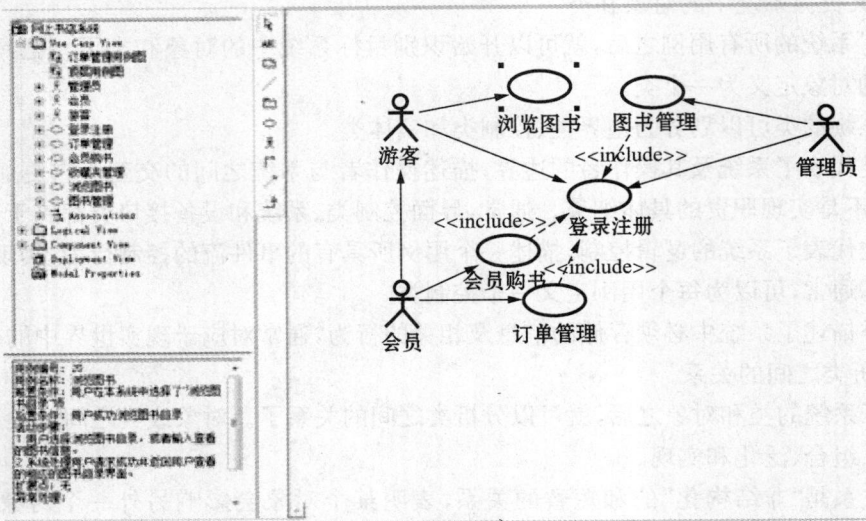

图 2.10　网上书店系统用例图

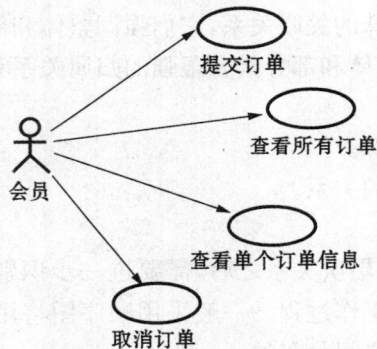

图 2.11　网上书店系统中"订单管理"模块的底层用例图

2.8　小结

可行性研究是指在项目开发之前,对它的必要性和可能性进行探讨,通过对软件产品能否解决存在的问题以及能否带来预期的价值做出评估,从而避免了盲目的软件开发。

可行性研究的内容主要包括技术可行性研究、经济可行性研究和社会可行性研究三个方面。典型的可行性研究的步骤为确定系统的目标,分析研究正在运行的系统,设计新系统的高层逻辑模型,提出可行的解决方案并对其进行评估和比较,选择合适的解决方案,撰写可行性研究报告。

本章介绍了结构化需求分析方法和面向对象需求分析方法。结构化需求分析方法基于"分解"和"抽象"的基本思想,逐步建立目标系统的逻辑模型,进而描绘出满足用户要求的软件系统。常用的结构化需求分析工具有数据流图、数据字典和 E-R 图。数据流图把软件系统看成是由数据流联系的各种功能的组合,可以用来建立目标系统的逻辑模型。数据字典用于定义数据流图中各个图元的具体内容，为数据流图中出现的图形元素做出确切的解释。E-R 图可以用于描述应用系统的概念结构数据模型，它采用实体、联系和属性这三个基本概念来进行建模。

　　面向对象需求分析方法主要基于面向对象的思想，以用例模型为基础进行需求分析。面向对象的软件工程方法更符合人类的思维习惯，稳定性好，而且可复用性好，所以在目前的软件开发领域中最为流行。

习题

　　（1）可行性研究的内容有哪些？
　　（2）如何理解需求分析的作用和重要性。
　　（3）如何理解结构化需求分析方法的基本思想。
　　（4）对比面向对象需求分析方法和结构化需求分析方法。
　　（5）利用 Rational Rose 绘制"网上书店系统"的"会员购书"模块和"浏览图书"模块的底层用例图。

3 数据绑定与数据验证

本章要点

- ◆ 数据源控件及数据源对象
- ◆ 数据访问控件
- ◆ 数据绑定的概念和方法
- ◆ 数据验证控件的使用方法

进行信息系统设计与开发时,不可避免地要访问数据,本章介绍数据访问及数据绑定技术。

3.1 数据源控件与数据源对象

数据库是进行数据管理的重要方式,大量的商业信息都以数据库的方式存在。在.NET中,访问数据库的技术称为 ADO. NET。进行数据库的访问,一般通过数据源控件或数据源对象实现。ADO. NET 的体系结构如图 3.1 所示。

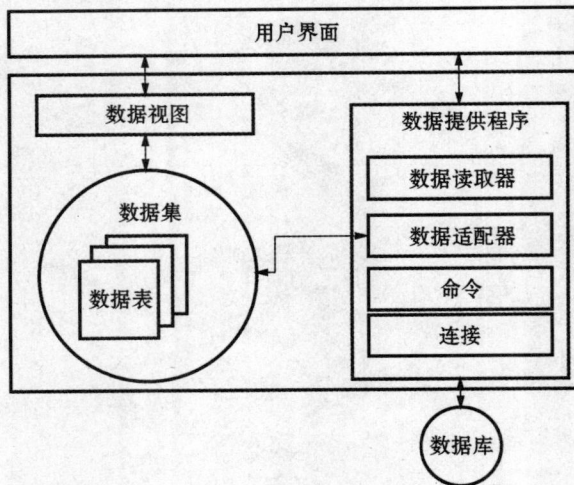

图 3.1 ADO. NET 的体系结构

3.1.1 .NET 数据提供程序和数据源对象

.NET 数据提供程序是类的集合,是专门设计用来与特定类型的数据存储通信的。.NET框架有两个这样的提供程序:SQL Client .NET Data Provider(SQL 客户端.NET 数据提供程序)和 OLE DB . NET Data Provider(OLE DB . NET 数据提供程序)。OLE DB . NET Data Provider 允许通过 OLE DB 提供程序与各种数据存储进行通信。SQL Client . NET Data Provider 则专为 SQL Server 7 及以后版本的数据库进行通信而设计。本书实例主要以 SQL Client . NET Data Provider 为主。各. NET 数据提供程序都实现了相同的基类：

（1）Connection 用于建立到数据存储器的连接。

（2）Command 用于执行对数据存储器的指令。

（3）DataReader 用于访问一个只读窗体中的数据。

（4）DataAdapter 用于访问一个读/写窗体中的数据，并管理数据的更新。

3. 1. 1. 1　SqlConnection 类

SqlConnection 类表示一个到 SQL Server 数据的连接，它位于命名空间 System. Data. SqlClient 中。因此，要使用这个类，必须用语句 using System. Data. SqlClient。

1）设置连接字符串

表 3.1 列出了连接字符串中常见的设置属性。

表 3.1　连接字符串中常见设置属性

名　称	默认值	描　述
Connect Timeout 或 Connection Timeout	15	尝试连接的时间长短，如果超过这个时间还未连接上数据库则产生错误。这个值应该大于等于 0，否则将产生一个异常。另外，值 0 表示没有时间限制，连接将无限期地尝试下去，用户应该避免把这个属性值设置为 0
Data Source 或 Server 或 Address 或 Addr 或 NetworkAddress	（空）	要连接的 SQL Server 实例所在服务器的名称或网络地址
Initial Catalog 或 Database	（空）	被连接的数据库的名称
Integrated Security 或 Trusted_Connection	"False"	指定连接是否为一个安全连接。用户可以使用的值包括："True"、"False" 和"sspi"（等价于"True"）
Packet Size	8192	与 SQL Server 通信使用的网络数据包的大小（字节数），这个属性值必须位于 512 和 32767 之间，否则将产生一个异常。如果用户要从数据库读取较大量的数据，则把这个属性设置为较大的值可以提高性能；相反，如果从数据库读取少量的数据，则应该把这个属性设置为较小的值
Password 或 Pwd	（空）	登录 SQL Server 所用账号的密码
User ID	（空）	SQL Server 的登录账号

2）创建 SqlConnection 对象

创建 SqlConnection 类的实例。如下述代码所示：

SqlConnection conn＝new SqlConnection();

String sConnString＝"data source＝(local);"＋

"initial catalog＝pubs;"＋"user id＝sa;password＝;";

Conn. ConnectionString＝sConnString;

如果 SQL SERVER 使用 Windows 集成验证，常用如下连接字符串：

String sConnString ＝ " server ＝ 服务器名；integrated security ＝ true；database ＝ 数据

库名;";

　　如果在 web. config 文件中配置连接字符串,如:

〈connectionStrings〉

　　　　〈add name="con_pub" connectionString="Data Source=. ;Initial Catalog=pubs;
User ID=sa" providerName="System. Data. SqlClient"/〉

〈/connectionStrings〉

　　连接字符串可以是如下表达式:

sConnString=ConfigurationManager. ConnectionStrings["con_pub"]. ToString();

　　3) 连接到数据库

　　访问数据存储器来检索数据的第一步是建立一个到数据库的连接。再实例化 Connection
对象之后,用该对象的 Open 方法用于打开连接。如下所示:

String sConnString="data source=(local);"

+"initial catalog=pubs;user id=sa;password=;";

SqlConnection conn=new SqlConnection(sConnString);

conn. Open();

　　4) 关闭连接

　　当检索了所需要的所有数据后,应该立即释放与数据库的连接。一般经验是尽可能晚地
打开连接,并尽可能早地关闭它。释放连接一般使用 Close 方法。如下述代码所示:

SqlConnection conn=new SqlConnection(s);

conn. Open();

//数据访问操作

conn. Close();

3. 1. 1. 2　数据命令

　　数据命令表示将在数据源上执行的 SQL 语句或存储过程。. NET 框架提供了两种数据命
令:SqlCommand 和 OleDbCommand,其中 DqlCommand 专用于 SQL Server 数据库,而
OleDbCommand 则用于所有 OLE DB 数据源。

　　SqlCommand 类位于命令空间 System. Data. SqlClient 中。它表示将在 SQL Server 中执
行的 Transact—SQL 语句或存储过程。使用 SqlCommand 类之前必须先创建它的对象实例。

　　1) 创建命令对象

　　为了对数据执行命令,必须把每个命令与数据库的连接关联起来。为此,需要设置命令的
Connection 属性,为了节省资源,多个命令可以使用同一个连接。

　　在执行命令之前,必须设置命令的 Connection 和 CommandText 属性,如下所示:

SqlCommand thisCommand= new SqlCommand("select count(*)from Employees",
conn);

　　一般的使用方法如下:

SqlCommand thisCommand=new SqlCommand();

　　如果要执行存储过程,使用格式一般如下:

thisCommand. CommandType=CommandType. StoredProcedure;

thisCommand. CommandText="存储过程名";

thisCommand. ExecuteNonQuery()；

如果要直接读取数据表,使用格式一般如下:

thisCommand. CommandType＝CommandType. TableDirect；

thisCommand. CommandText＝"数据表名"；

thisCommand. ExecuteReader()；

默认的情况为执行 SQL 语句,thisCommand. CommandType＝CommandType. Text；

2) 执行命令的方法

一般使用 Command 对象的访问方法如表 3.2 所示。

表 3.2　使用 Command 对象的访问方法

命令打算返回的结果	应使用的方法
不返回任何结果:不是查询	ExecuteNonQuery
单个值	ExecuteScalar
0 个或多个行	ExecuteReader

(1) 使用 ExecuteScalar 方法。ExecuteScalar 的返回类型是 object,所以,如果想把返回的对象赋给特定类型的变量(例如 int),则必须把对象强制转换为该类型。如果类型不匹配,系统将生成运行错误。如:

thisCommand. CommandText＝"select count(∗) from employee"；

int count＝(int)thisCommand. ExecuteScalar()；

如果能确保结果的类型始终是 int,上面的代码就是安全的。然而,如果对 int 的强制转换不变,而把命令的 CommandText 更改为:

Select firstname from employee where lastname＝'Davolio'

ExecuteScalar 将返回字符串 Nancy,而不是整数,这时将出现异常。

如果查询返回多个行,用 ExecuteScalar()方法只返回一个值。

(2) 使用 ExecuteReader 方法。对于期望返回多行和多列的查询,应使用命令的 ExecuteReader 方法。

ExecuteReader 返回一个数据读取器,它是 SqlDataReader 类的一个实例。数据读取器提供的方法允许在结果集中读取连续的数据行,检索各列的值。

SqlDataReader 对象拥有 Read 和 GetValue 方法,前者依次提取每一行,后者获取行中一列的值。

(3) 使用 ExecuteReader 方法。命令 ExecuteNonQuery 方法执行 SQL 语句,不执行查询,一般用于执行存储过程或执行更新及插入等 SQL 语句。

3.1.1.3　DateReader

DataReader(数据读取器)以不能回退的方式向前遍历数据,并实现查询结果的优化读取。

SqlDataReader myReader＝thisCommand. ExecuteReader()；

使用 DataReader 对象的 Read 方法可从查询结果中获取行。通过向 DataReader 传递列的名称或序号引用,可以访问返回行的每一列。

以下代码示例循环访问一个 DataReader 对象,并从每个行中返回两个列。

```
while (myReader. Read())
  Response. Write(myReader. GetInt32(0)+myReader. GetString(1));
myReader. Close();
```

DataReader 提供未缓冲的数据流,该数据流使过程逻辑可以有效地按顺序处理从数据源中返回的结果。由于数据不在内存中缓存,所以在检索大量数据时,DataReader 是一种适合的选择。

每次使用完 DataReader 对象后都应调用 Close 方法。当 DataReader 打开时,该 DataReader 将以独占方式使用 Connection。在初始 DataReader 关闭之前,将无法对 Connection 执行任何命令(包括创建另一个 DataReader)。

如果 Command 包含输出参数或返回值,那么在 DataReader 关闭之前,将无法访问这些输出参数或返回值。

3.1.1.4 DateAdapter

包括 OleDbDataAdapter 对象、SqlDataAdapter 对象、OdbcDataAdapter 对象和 OracleDataAdapter 对象。

DataAdapter 用作 DataSet 和数据源之间的桥接器以便检索和保存数据。DataAdapter 通过映射 Fill 和 Update 来提供这一桥接器。

```
string queryString=
  "SELECT CustomerID, CompanyName FROM dbo. Customers";
SqlDataAdapter adapter=new SqlDataAdapter(queryString, conn);
DataSet customers=new DataSet();
adapter. Fill(customers, "Customers");
```

3.1.2 数据源控件

数据源控件是 ASP. NET 中数据绑定体系结构的一个关键部分,提供数据存储和针对数据对象执行的操作和接口。数据源控件包括 SqlDataSource、ObjectDataSource、AccessDataSource、XmlDataSource、SiteMapDataSource 等。

通过 SqlDataSource 控件,可以使用 Web 控件访问位于某个关系数据库中的数据,该数据库包括 Microsoft SQL Server 和 Oracle 数据库以及 OLE DB 和 ODBC 数据源。可以将 SqlDataSource 控件和用于显示数据的其他控件(如 GridView、FormView 和 DetailsView 控件)结合使用,使用很少的代码或不使用代码就可以在 ASP. NET 网页中显示和操作数据。

使用 SqlDataSource 控件可以在 ASP. NET 页中访问和操作数据,而无需直接使用 ADO. NET 类。只需提供用于连接到数据库的连接字符串,并定义使用数据的 SQL 语句或存储过程即可。在运行时,SqlDataSource 控件会自动打开数据库连接,执行 SQL 语句或存储过程,返回选定数据(如果有),然后关闭连接。

配置 SqlDataSource 控件时,将 ProviderName 属性设置为数据库类型(默认为 System. Data. SqlClient)并将 ConnectionString 属性设置为连接字符串,该字符串包含连接至数据库所需的信息。

除返回结果集外,SqlDataSource 控件还能提供数据检索、更新、插入和数据删除等操作。通过参数的设置,可进行数据筛选、数据缓存等功能。

SqlDataSource 控件的声明语法比较复杂,下面通过几个实例说明其用法。

3.1.2.1 SqlDataSource 控件的基本用法

通过简单设置,无须编写任何代码,实现数据源的设置。代码如下:

```
〈html xmlns="http://www.w3.org/1999/xhtml"〉
〈head id="Head1" runat="server"〉
    〈title〉SqlDataSource 控件介绍〈/title〉
〈/head〉
〈body〉
    〈form id="form1" runat="server"〉
    〈div〉
        〈asp:SqlDataSource ID="SqlDataSource1" runat="server" ProviderName=
"System. Data. SqlClient"
        ConnectionString="〈%$ ConnectionStrings:con_pub %〉"
        SelectCommand="select * from authors"〉
        〈/asp:SqlDataSource〉
        〈asp:GridView ID=" GridView1" runat=" server" DataSourceID=
"SqlDataSource1" Width="423px"〉
        〈/asp:GridView〉
    〈/div〉
    〈/form〉
〈/body〉
〈/html〉
```

3.1.2.2 数据筛选

通过 SqlDataSource 控件的 FilterExpression 属性,指定筛选条件表达式实现数据筛选。筛选条件表达式的语法是类似于 SQL 中 where 所使用的语法。

在上例中增加 FilterExpression="au_lname like 'r%'"即可实现筛选。
SelectCommand="select * from authors" FilterExpression="au_lname like 'r%'" 〉
其他代码与上例相同。

以下代码实现从页面输入查询条件,进行数据筛选。

```
〈html xmlns="http://www.w3.org/1999/xhtml" 〉
〈head id="Head1" runat="server"〉
    〈title〉SqlDataSource 控件介绍〈/title〉
〈/head〉
〈body〉
    〈form id="form1" runat="server"〉
    〈div〉
        请输入姓名〈asp:TextBox ID="txtau_lname" runat="server"〉〈/asp:TextBox〉
        〈asp:Button ID="btnseek" runat="server" Text="查 询" /〉〈br /〉〈br〉
        〈asp:SqlDataSource ID="SqlDataSource1" runat="server" ProviderName=
```

"System. Data. SqlClient"

       ConnectionString="〈% $ ConnectionStrings:con_pub %〉"

       SelectCommand="select * from authors where au_lname like ·@key_name＋'%'"〉

       〈SelectParameters〉

       〈asp:ControlParameter ControlID=" txtau _ lname" Name=" key _ name" PropertyName="text" /〉

       〈/SelectParameters〉

       〈/asp:SqlDataSource〉

       〈asp:GridView ID="GridView1" runat="server"

         DataSourceID="SqlDataSource1" Width="423px"〉

       〈/asp:GridView〉

    〈/div〉

    〈/form〉

〈/body〉

〈/html〉

3.2　数据访问控件

数据访问控件常用的有 DataList、Repeater、DataGrid、GridView、DetailsView、FormView 等,下面对 DataList、Repeater 控件进行简单介绍,其他控件的介绍在本书的其他章节介绍。

3.2.1　Repeater 控件

使用 Repeater 控件时,除需要指定源数据表外,还需指定模板参数。可以将模板理解为一个事先定义好的模子,其中包含字体、字号等格式设置信息以及绑定表达式等。Repeater 控件所支持各种模板的意义如下:

(1) HeaderTemplate:用于设置标题或特殊格式标记等。可省略。

(2) ItemTemplate:用于指定奇数行记录的显示格式。

(3) AlternatingItemTemplate:用于指定偶数行记录的显示格式。可省略。

(4) SeparatorTemplate:用于指定如何分隔记录行。可省略。

(5) FooterTemplate:用于指定在记录的尾部所显示的信息。可省略。

示例如下:

〈html xmlns="http://www. w3. org/1999/xhtml" 〉

〈Body〉

〈Form id="Form1" Runat="Server"〉

〈Asp: Repeater Runat=" Server" Id=" myRepeater" DataMember=" DefaultView" DataSourceID="SqlDataSource1"〉

〈HeaderTemplate〉

   〈H3〉作者信息表〈/H3〉

```
            〈Hr Size＝1 Color＝"Black"〉
        〈/HeaderTemplate〉
        〈ItemTemplate〉
            〈Font Color＝"＃008000"〉
            姓名:〈%＃ DataBinder. Eval(Container. DataItem,"姓名") %〉〈Br〉
            电话:〈%＃ DataBinder. Eval(Container. DataItem,"电话") %〉〈Br〉
            住址:〈%＃ DataBinder. Eval(Container. DataItem,"住址") %〉〈Br〉
            〈/Font〉
        〈/ItemTemplate〉
        〈AlternatingItemTemplate〉
            〈Font Color＝"＃800080"〉
            姓名:〈%＃ DataBinder. Eval(Container. DataItem,"姓名") %〉〈Br〉
            电话:〈%＃ DataBinder. Eval(Container. DataItem,"电话") %〉〈Br〉
            住址:〈%＃ DataBinder. Eval(Container. DataItem,"住址") %〉〈Br〉
            〈/Font〉
        〈/AlternatingItemTemplate〉
        〈SeparatorTemplate〉
            〈Hr Size＝1 Color＝"＃808080"〉
        〈/SeparatorTemplate〉
        〈FooterTemplate〉
            〈Hr Size＝1 Color＝"Black"〉
        〈/FooterTemplate〉
        〈/Asp:Repeater〉
            〈asp:SqlDataSource ID＝"SqlDataSource1" runat＝"server" ConnectionString＝
    "〈% $ ConnectionStrings:con_pub %〉"
                SelectCommand＝"SELECT au_lname AS 姓名,phone AS 电话,address AS
    住址 FROM authors"〉〈/asp:SqlDataSource〉
        〈/Form〉
        〈/Body〉
        〈/html〉
```

3.2.2 DataList 控件

DataList 控件除了显示数据的功能外,还提供数据更新和删除功能。

示例:

```
〈Html〉
〈Body BgColor＝"＃ffffcc"〉
    〈H1 Align＝"Center"〉作者信息〈/H1〉
    〈Form id＝"Form1" Runat＝"Server"〉
    〈Asp:DataList Runat＝"Server" Id＝"myDataList" CellPadding＝"3" Width＝
```

"700"

　　　　　　HorizontalAlign＝"Center" OnEditCommand＝"DataList_EditCommand"

　　　　　　OnUpdateCommand ＝ " DataList _ UpdateCommand " OnDeleteCommand ＝
"DataList_DeleteCommand"

　　　　　　OnCancelCommand＝"DataList_CancelCommand" DataKeyField＝"au_id"

　　　　　　ExtractTemplateRows＝"True" Border＝"1" BorderColor＝"＃ffffcc" GridLines＝
"Horizontal"〉

　　　　〈HeaderTemplate〉

　　　　　　〈Asp：Table ID＝"Table1" Runat＝"Server"〉

　　　　　　〈Asp：TableRow ID ＝ " TableRow1 " Runat ＝ " Server " HorizontalAlign ＝
"Center"〉

　　　　　　〈Asp：TableCell ID＝"TableCell1" Runat＝"Server"〉姓名〈/Asp：TableCell〉

　　　　　　〈Asp：TableCell ID＝"TableCell2" Runat＝"Server"〉电话〈/Asp：TableCell〉

　　　　　　〈Asp：TableCell ID＝"TableCell3" Runat＝"Server"〉住址

　　〈/Asp：TableCell〉〈Asp：TableCell ID＝"TableCell4" Runat＝"Server"〉操作
〈/Asp：TableCell〉

　　　　　　〈/Asp：TableRow〉

　　　　　　〈/Asp：Table〉

　　　　　　〈/HeaderTemplate〉

　　　〈ItemTemplate〉

　　　　　　〈Asp：Table ID＝"Table2" Runat＝"Server"〉

　　　　　　〈Asp：TableRow ID ＝ " TableRow2 " Runat ＝ " Server " HorizontalAlign ＝
"Left"〉

　　　　　　〈Asp：TableCell ID＝"TableCell5" Runat＝"Server"〉〈% ＃ DataBinder. Eval
（Container. DataItem，"姓名"）%〉〈/Asp：TableCell〉

　　　　　　〈Asp：TableCell ID＝"TableCell6" Runat＝"Server"〉〈% ＃ DataBinder. Eval
（Container. DataItem，"电话"）%〉〈/Asp：TableCell〉

　　　　　　〈Asp：TableCell ID ＝ " TableCell7 " Runat ＝ " Server " HorizontalAlign ＝
"Center"〉〈% ＃ DataBinder. Eval（Container. DataItem，"住址"）%〉〈/Asp：TableCell〉

　　　　　　　　〈Asp：TableCell ID＝"TableCell8" Runat＝"Server" HorizontalAlign＝
"Center"〉〈Asp：LinkButton ID＝"LinkButton1" Runat＝"Server" Text＝"编辑" CommandName＝
"Edit"/〉〈/Asp：TableCell〉

　　　　　　〈/Asp：TableRow〉

　　　　　　〈/Asp：Table〉

　　　〈/ItemTemplate〉

　　　〈EditItemTemplate〉

　　　　　　〈Asp：Table ID＝"Table3" Runat＝"Server"〉

　　　　　　〈Asp：TableRow ID＝"TableRow3" Runat＝"Server" HorizontalAlign＝"Left"〉

　　　　　　〈Asp：TableCell ID＝"TableCell9" Runat＝"Server"〉

〈Asp：TextBox Runat=" Server" Id=" d_bookname" Text='〈% # DataBinder. Eval(Container. DataItem,"姓名") %〉' Width="250pt" /〉

〈/Asp：TableCell〉

〈Asp：TableCell ID="TableCell10" Runat="Server"〉

〈Asp：TextBox Runat="Server" Id="d_author" Text='〈% # DataBinder. Eval(Container. DataItem,"电话") %〉' Width="50pt"/〉

〈/Asp：TableCell〉

〈Asp：TableCell ID=" TableCell11" Runat=" Server" HorizontalAlign="Center"〉

〈Asp：TextBox Runat=" Server" Id=" profession_no" Text='〈% # DataBinder. Eval(Container. DataItem,"住址") %〉' Width="25pt" /〉

〈/Asp：TableCell〉

〈Asp：TableCell ID="TableCell12" Runat="Server" Width="75pt" HorizontalAlign="Center"〉

〈Asp：LinkButton ID="LinkButton2" Runat="Server" Width="20" Text="更新" CommandName="Update" /〉

〈Asp：LinkButton ID="LinkButton3" Runat="Server" Width="20" Text="删除" CommandName="Delete" /〉

〈Asp：LinkButton ID="LinkButton4" Runat="Server" Width="20" Text="取消" CommandName="Cancel" /〉

〈/Asp：TableCell〉

〈/Asp：TableRow〉

〈/Asp：Table〉

〈/EditItemTemplate〉

〈HeaderStyle HorizontalAlign="Center" BackColor="#66CCFF" ForeColor="Crimson" /〉

〈ItemStyle BackColor="Moccasin" /〉

〈EditItemStyle BackColor="Lavender" /〉

〈/Asp：DataList〉

〈/Form〉

〈/Body〉

〈/Html〉

```
public DataSet CreateDataSet(string strSQL，string TableName)
    {
        string ConnString = ConfigurationManager. ConnectionStrings[" con_pub"]. ToString();
        SqlDataAdapter objCmd=new SqlDataAdapter(strSQL，ConnString);
        DataSet ds=new DataSet();
        objCmd. Fill(ds，TableName);
```

```
            return ds;
        }
        protected void Page_Load(object sender, EventArgs e)
        {
            if (!IsPostBack) BindList();
        }
        protected void DataList_UpdateCommand(object source, DataListCommandEventArgs e)
        {
            string d_bookname = ((TextBox)(e.Item.FindControl("d_bookname"))).
Text;
            string d_author = ((TextBox)(e.Item.FindControl("d_author"))).Text;
            string profession_no = ((TextBox)(e.Item.FindControl("profession_no"))).
Text;
            string strSQL = "Update authors Set au_lname='" + d_bookname + "',
phone='" + d_author + "',address='" + profession_no + "' Where " + myDataList.
DataKeyField + "=" + "'" + myDataList.DataKeys[e.Item.ItemIndex] + "'";
            ExecuteSQL(strSQL);
            myDataList.EditItemIndex = -1;
            BindList();
        }
        protected void DataList_EditCommand(object source, DataListCommandEventArgs e)
        {
            myDataList.EditItemIndex = e.Item.ItemIndex;
            BindList();
        }
        protected void DataList_DeleteCommand(object source, DataListCommandEventArgs e)
        {
            string strSQL = "Delete From authors Where " + myDataList.DataKeyField +
"=" + "'" + myDataList.DataKeys[e.Item.ItemIndex] + "'";
            ExecuteSQL(strSQL);
            myDataList.EditItemIndex = -1;
            BindList();
        }
        protected void DataList_CancelCommand(object source, DataListCommandEventArgs e)
        {
            myDataList.EditItemIndex = -1;
            BindList();
        }
```

```
protected void BindList()
{
    string strSQL="Select au_lname As 姓名,phone As 电话,address As 住址,au_id
From authors";
    myDataList. DataSource=CreateDataSet(strSQL,"作者信息");
    myDataList. DataMember="作者信息";
    myDataList. DataBind();
}
protected void ExecuteSQL(string strSQL)
{
    SqlConnection objConn=new SqlConnection();
    objConn. ConnectionString=ConfigurationManager. ConnectionStrings["con_
pub"]. ToString();;
    objConn. Open();
    SqlCommand objCmd=new SqlCommand(strSQL,objConn);
    objCmd. ExecuteNonQuery();
}
```

3.2.3 GridView 控件

网络控件(GridView)以网格的形式显示数据,能分页和排序,并可以实现编辑和数据更新等功能。

3.2.3.1 实现简单的数据绑定

```
〈html〉
〈head runat="server"〉
    〈title〉GridView 控件的使用〈/title〉
〈/head〉
〈body〉
    〈form id="form1" runat="server"〉
    〈div〉
        〈asp:GridView ID="GridView1" runat="server" DataSourceID="sqldatasource1"〉
        〈/asp:GridView〉
        〈asp:SqlDataSource ID="SqlDataSource1" runat="server"
        ConnectionString="〈%$ ConnectionStrings:con_pub %〉"
        SelectCommand="select * from authors" /〉
    〈/div〉
    〈/form〉
〈/body〉
〈/html〉
```

3.2.3.2　自定义列

示例如下，请注意加粗字体部分的内容。

〈html〉

〈head id="Head1" runat="server"〉

　　〈title〉GridView 控件的使用〈/title〉

〈/head〉

〈body〉

　　　　〈form id="form1" runat="server"〉

　　　　　　　〈asp：GridView ID="GridView1" runat="server" DataSourceID="sqldatasource1" AutoGenerateColumns="false"〉

　　　　　　　　　〈Columns〉

　　　　　　　　〈asp：BoundField DataField="au_id" HeaderText="编号" ItemStyle-Width="40" /〉

　　　　　　　　〈asp：BoundField DataField="au_lname" HeaderText="姓名" ItemStyle-Width="80" /〉

　　　　　　　　〈asp：BoundField DataField="phone" HeaderText="电话" ItemStyle-Width="120"/〉

　　　　　　　　〈asp：BoundField DataField="address" HeaderText="住址" ItemStyle-Width="40" /〉

　　　　　　　　　〈/Columns〉

　　　　　　　〈/asp：GridView〉

　　　　　　　〈asp：SqlDataSource ID="SqlDataSource1" runat="server"

　　　　　　　　ConnectionString="〈%$ ConnectionStrings：con_pub %〉"

　　　　　　　　SelectCommand="select au_id,au_lname,phone,address from authors" /〉

　　　　〈/form〉

〈/body〉

〈/html〉

3.2.3.3　排序及分页

将上例 GridView 的说明修改为启用分页及启用排序，并设置允许排序的各列的 SortExpression 属性（即排序表达式），便可实现分页、排序。

〈html xmlns="http://www.w3.org/1999/xhtml" 〉

〈head runat="server"〉

　　〈title〉无标题页〈/title〉

〈/head〉

〈body〉

　　〈form id="form1" runat="server"〉

　　〈div〉

　　　　〈asp：SqlDataSource ID="SqlDataSource1" runat="server" ConnectionString="〈%$ ConnectionStrings：con_pub %〉"

SelectCommand="SELECT Person. Address. ＊ FROM Person. Address"〉
〈/asp：SqlDataSource〉

　　〈/div〉
　　　　〈asp：GridView ID＝"GridView1" runat＝"server" AllowPaging＝"True"
AllowSorting＝"True"
　　　　　　AutoGenerateColumns＝"False" DataSourceID＝"SqlDataSource1"〉
　　　　　〈Columns〉
　　　　　　　〈asp：BoundField DataField＝"AddressID" HeaderText＝"AddressID"
InsertVisible＝"False"
　　　　　　　　　ReadOnly＝"True" SortExpression＝"AddressID" /〉
　　　　　　　〈asp：BoundField DataField＝"City" HeaderText＝"City" SortExpression＝
"City" /〉
　　　　　　　〈asp： BoundField DataField ＝"StateProvinceID" HeaderText ＝
"StateProvinceID" SortExpression＝"StateProvinceID" /〉
　　　　　　　〈asp：BoundField DataField＝"PostalCode" HeaderText＝"PostalCode"
SortExpression＝"PostalCode" /〉
　　　　　　〈/Columns〉
　　　　　〈/asp：GridView〉
　　　〈/form〉
　　〈/body〉
　　〈/html〉

3.2.3.4　数据编辑、更新及删除

　　要实现更新、编辑及删除功能,须在 GirdView 控件中添加相应的命令按钮及设置模板
列,同时在 SqlDataSource 控件中生成 Insert、Update、Delete 语句。下面示例不用编写程序代
码,实现数据编辑与更新。利用数据访问对象用程序代码实现数据更新、编辑及删除功能的方
法将在其他章节分别介绍。
　　〈html〉
　　〈head runat＝"server"〉
　　　〈title〉无标题页〈/title〉
　　〈/head〉
　　〈body〉
　　　〈form id＝"form1" runat＝"server"〉
　　　〈div〉
　　　　〈asp：GridView ID＝"GridView1" runat＝"server" AllowPaging＝"True"
AllowSorting＝"True"
　　　　　　AutoGenerateColumns＝"False" DataKeyNames＝"au_id" DataSourceID＝
"SqlDataSource1"〉
　　　　　　〈Columns〉

```
                    〈asp：CommandField ShowDeleteButton＝"True" ShowEditButton＝
"True" ShowSelectButton＝"True" />
                    〈asp：BoundField DataField＝"au_id" HeaderText＝"编号" InsertVisible＝
"False" ReadOnly＝"True"
                         SortExpression＝"au_id" />
                    〈asp：BoundField DataField ＝" au _ lname" HeaderText ＝"姓 名"
SortExpression＝"au_lname" />
                    〈asp：BoundField DataField ＝" address" HeaderText ＝" 住 址"
SortExpression＝"address" />
                〈/Columns〉
            〈/asp：GridView〉
        〈/div〉
        〈asp：SqlDataSource ID＝"SqlDataSource1" runat＝"server" ConnectionString＝
"〈% $ ConnectionStrings：con_pub %〉"
            SelectCommand＝"SELECT * FROM [authors]" DeleteCommand＝"DELETE
FROM [authors] WHERE [au_id]＝@id" InsertCommand＝"INSERT INTO [Authors]
([au_lname], [address]) VALUES (@au_lname，@address)" UpdateCommand ＝
"UPDATE [Authors] SET [au_lname]＝@au_lname，[address]＝@address WHERE
[au_id]＝@id"〉
            〈DeleteParameters〉
                〈asp：Parameter Name＝"id" Type＝"String" />
            〈/DeleteParameters〉
            〈UpdateParameters〉
                〈asp：Parameter Name＝"au_lname" Type＝"String" />
                〈asp：Parameter Name＝"address" Type＝"Int32" />
                〈asp：Parameter Name＝"id" Type＝"String" />
            〈/UpdateParameters〉
            〈InsertParameters〉
                〈asp：Parameter Name＝"au_lname" Type＝"String" />
                〈asp：Parameter Name＝"address" Type＝"String" />
            〈/InsertParameters〉
            〈/asp：SqlDataSource〉
        〈/form〉
    〈/body〉
    〈/html〉
```

3.3 数据绑定的概念与方法

数据绑定是将检索到的数据连接到将显示该数据的控件的过程。ASP. NET 所支持的数据源的类型相当丰富,既可为传统的数据库,也可以是 XML 文档、数组,甚至是变量或表达式。

3.3.1 绑定到表达式

一般控件的属性均可以绑定到表达式。可以将数据绑定表达式包含在服务器控件开始标记中属性/值对的值一侧,或页中的任何位置。

数据绑定表达式是用〈%...%〉封装的并且以♯符号为前缀的任何可执行代码。

下面的代码示例演示如何在 ASP.NET 服务器控件中根据属性进行数据绑定。当用户从 DropDownList Web 服务器控件选择某个项目时,Label Web 服务器控件将根据列表中的选定项进行绑定并显示选中的状态。

```
〈html〉
〈head〉
    〈script language="C♯" runat="server"〉
        void SubmitBtn_Click(Object sender, EventArgs e) {
            Page.DataBind();
        }
    〈/script〉
〈/head〉
〈body〉
    〈h3〉〈font face="Verdana"〉绑定到控件某个属性示例〈/font〉〈/h3〉
    〈form id="Form1" runat="server"〉
        〈asp:DropDownList id="StateList" runat="server"〉
        〈asp:ListItem〉机电系〈/asp:ListItem〉
        〈asp:ListItem〉电子工程系〈/asp:ListItem〉
        〈asp:ListItem〉管理工程系〈/asp:ListItem〉
        〈asp:ListItem〉艺术设计系〈/asp:ListItem〉
            〈asp:ListItem〉计算机系〈/asp:ListItem〉
    〈/asp:DropDownList〉
    〈asp:button ID="Button1" Text="提交" OnClick="SubmitBtn_Click" runat="server"/〉
        〈p〉    您选择的是:
        〈asp:label ID="Label1" text='〈% ♯ StateList.SelectedItem.Text %〉' runat="server"/〉
    〈/form〉
〈/body〉
    〈/html〉
```

3.3.2 绑定到数组

数据源为数组。

```html
〈Html〉
〈script language="C♯" runat="server"〉
    protected void d_c(object sender，EventArgs e)
    {
        switch (deportment. SelectedItem. Value)
        {
            case "00"：string[] a00={ "请先选择系别" };
                ListBox1. DataSource=a00；
                ListBox1. DataBind()；
                break；
            case "01"：string[] a01={ "机械设计制造及自动化专业"，"材料成型与
控制工程专业"，"数控技术专业"，"机械电子工程专业"，"工业设计专业" }；
                ListBox1. DataSource=a01；
                ListBox1. DataBind()；
                break；
            case "02"：string[] a02={ "应用电子技术专业"，"通信工程专业"，"工业
电气自动化专业"，"电子产品设计及工艺专业" }；
                ListBox1. DataSource=a02；
                ListBox1. DataBind()；
                break；
            case "03"：string[] a03={ "市场营销专业"，"电子商务专业"，"文秘专
业" }；
                ListBox1. DataSource=a03；
                ListBox1. DataBind()；
                break；
        }
        label1. DataBind()；
    }
〈/script〉
〈Body Style="Font-Size：9pt"〉
〈Form id="Form1" Runat="Server" Style="Font-Size：10pt"〉
系：
〈ASP：ListBox Runat = " Server" Id = " deportment" AutoPostBack = " true"
OnSelectedIndexchanged="d_c" Rows="1"〉
    〈ASP：ListItem Value="00"〉请选择系别〈/ASP：ListItem〉
    〈ASP：ListItem Value="01"〉机械工程系〈/ASP：ListItem〉
    〈ASP：ListItem Value="02"〉电子工程系〈/ASP：ListItem〉
    〈ASP：ListItem Value="03"〉经济管理系〈/ASP：ListItem〉
〈/ASP：ListBox〉
```

〈Br〉〈Br〉专业:

〈ASP:ListBox Runat="Server" Id="ListBox1" AutoPostBack="true" Rows="1"〉

　　〈ASP:ListItem Value="00"〉请先选择系别〈/ASP:ListItem〉

〈/ASP:ListBox〉

〈Br〉〈Hr Size="1" Color="Green"〉

系别列表中所选条目的 Vlue 属性值:

〈ASP:Label Id="label1" Runat="Server" Text="〈% ♯ deportment. SelectedItem.
Value %〉"〉00〈/ASP:Label〉

〈/Form〉

〈/Body〉

〈/Html〉

3.3.3 绑定到内存数据表中的字段

数据绑定表达式包含在〈% ♯ 和 %〉分隔符之内,并使用 **Eval** 和 **Bind** 函数。**Eval** 函数用于定义单向(只读)绑定。**Bind** 函数用于定义双向(可更新)绑定。除了通过在数据绑定表达式中调用 **Eval** 和 **Bind** 方法执行数据绑定外,还可以调用〈% ♯ 和 %〉分隔符之内的任何公共范围代码,以在页面处理过程中执行该代码并返回一个值。调用控件或 Page 类的 **DataBind** 方法时,会对数据绑定表达式进行解析。对于有些控件,如 GridView、DetailsView 和 FormView 控件,会在控件的 **PreRender** 事件期间自动解析数据绑定表达式,不需要显式调用 **DataBind** 方法。

3.3.3.1 使用 Eval 方法

Eval 方法可计算数据绑定控件(如 GridView、DetailsView 和 FormView 控件)的模板中的后期绑定数据表达式。在运行时,Eval 方法调用 DataBinder 对象的 Eval 方法,同时引用命名容器的当前数据项。命名容器通常是包含完整记录的数据绑定控件的最小组成部分,如 GridView 控件中的一行。因此,只能对数据绑定控件的模板内的绑定使用 Eval 方法。

Eval 方法以数据字段的名称作为参数,从数据源的当前记录返回一个包含该字段值的字符串。

〈html xmlns="http://www.w3.org/1999/xhtml"〉

〈head runat="server"〉

　　〈title〉无标题页〈/title〉

〈/head〉

〈body〉

　　〈form id="form1" runat="server"〉

　　〈div〉

　　〈asp:FormView ID="FormView1"

　DataSourceID="SqlDataSource1" DataKeyNames="ProductID"

　RunAt="server"〉

　　〈ItemTemplate〉

ProductID：

〈asp：Label ID＝" ProductIDLabel" runat＝" server" Text＝'〈%＃ Eval ("ProductID") %〉'〉〈/asp：Label〉〈br /〉

ProductName：

〈asp：Label ID＝" ProductNameLabel" runat＝" server" Text＝'〈%＃ Bind ("ProductName") %〉'〉

〈/asp：Label〉〈br /〉

SupplierID：

〈asp：Label ID＝" SupplierIDLabel" runat＝" server" Text＝'〈%＃ Bind ("SupplierID") %〉'〉

〈/asp：Label〉〈br /〉

Discontinued：

〈asp：CheckBox ID＝"DiscontinuedCheckBox" runat＝"server" Checked＝'〈%＃ Bind("Discontinued") %〉'

Enabled＝"false" /〉〈br /〉

〈/ItemTemplate〉

〈EditItemTemplate〉

ProductID：

〈asp：Label ID＝"ProductIDLabel1" runat＝"server" Text＝'〈%＃ Eval ("ProductID") %〉'〉〈/asp：Label〉〈br /〉

ProductName：

〈asp：TextBox ID＝"ProductNameTextBox" runat＝"server" Text＝'〈%＃ Bind("ProductName") %〉'〉

〈/asp：TextBox〉〈br /〉

SupplierID：

〈asp：TextBox ID＝"SupplierIDTextBox" runat＝"server" Text＝'〈%＃ Bind("SupplierID") %〉'〉

〈/asp：TextBox〉〈br /〉

Discontinued：

〈asp：CheckBox ID＝"DiscontinuedCheckBox" runat＝"server" Checked＝'〈%＃ Bind("Discontinued") %〉' /〉〈br /〉

〈asp：LinkButton ID＝"UpdateButton" runat＝"server" CausesValidation＝"True" CommandName＝"Update"

Text＝"更新"〉

〈/asp：LinkButton〉

〈asp：LinkButton ID＝"UpdateCancelButton" runat＝"server" CausesValidation＝"False" CommandName＝"Cancel"

Text＝"取消"〉

〈/asp：LinkButton〉

```
            〈/EditItemTemplate〉
            〈InsertItemTemplate〉
                ProductName：
                〈asp：TextBox ID="ProductNameTextBox" runat="server" Text='<%#
Bind("ProductName") %>'〉
                〈/asp：TextBox〉〈br /〉
                SupplierID：
                〈asp：TextBox ID="SupplierIDTextBox" runat="server" Text='<%#
Bind("SupplierID") %>'〉
                〈/asp：TextBox〉〈br /〉
                Discontinued：
                〈asp：CheckBox ID="DiscontinuedCheckBox" runat="server" Checked='
<%# Bind("Discontinued") %>' /〉〈br /〉
                    〈asp：LinkButton ID="InsertButton" runat="server" CausesValidation=
"True" CommandName="Insert"
                        Text="插入"〉
                    〈/asp：LinkButton〉
                    〈asp：LinkButton ID="InsertCancelButton" runat="server" CausesValidation=
"False" CommandName="Cancel"
                        Text="取消"〉
                    〈/asp：LinkButton〉
            〈/InsertItemTemplate〉
        〈/asp：FormView〉
            〈asp：SqlDataSource ID="SqlDataSource1" runat="server" ConnectionString=
"<%$ ConnectionStrings:con_pub %>"
                SelectCommand="SELECT * FROM [Products]"〉〈/asp：SqlDataSource〉
        〈/div〉
        〈/form〉
    〈/body〉
    〈/html〉
```

3.3.3.2 使用 Bind 方法

Bind 方法与 Eval 方法有一些相似之处,但也存在很大的差异。虽然可以像使用 Eval 方法一样使用 Bind 方法来检索数据绑定字段的值,但当数据可以被修改时,还是要使用 Bind 方法,Bind 方法通常与输入控件一起使用。

示例见上述例题,注意 Bind 函数与 Eval 函数的区别。

有些控件,如 GridView、FormView 和 DetailsView 控件,当它们通过 DataSourceID 属性绑定到数据源控件时,会通过隐式调用 DataBind 方法来执行绑定。但是,有些情况需要通过显式调用 DataBind 方法来执行绑定。

其中一种情况就是使用 DataSource 属性(而非 DataSourceID 属性)将某个控件绑定到数

据源控件时。在这种情况下,需要显式调用 DataBind 方法,从而执行数据绑定和解析数据绑定表达式。

　　另一种情况就是需要手动刷新数据绑定控件中的数据时。如有这样一个页面,其中有两个控件,这两个控件都显示来自同一数据库的信息(可能使用不同的视图)。在这种情况下,可能需要显式地将控件重新绑定到数据,以保持数据显示的同步。例如,可能有一个显示产品列表的 GridView 控件和一个允许用户编辑单个产品的 DetailsView 控件。虽然 GridView 和 DetailsView 控件所显示的数据都来自同一数据源,但被绑定到不同的数据源控件,因为这两个控件使用不同的查询来获取其数据。用户可能会使用 DetailsView 控件更新记录,从而引发由关联的数据源控件执行更新。但是,由于 GridView 控件被绑定到不同的数据源控件,所以,该控件仍将显示旧的记录值,直至页面被刷新时才会更新。因此,在 DetailsView 控件更新数据后,可以调用 DataBind 方法。这会使 GridView 控件更新其视图,并重新执行任何数据绑定表达式以及〈%♯和%〉分隔符之内的公共范围代码。这样一来,GridView 控件将会反映 DetailsView 控件所做的更新。

3.4　数据验证控件

　　任何系统至少包括输入、处理和输出三个部分。为保证输入数据的正确性,应对输入的内容进行验证。APS. NET 中的验证控件可以同时支持客户端验证和服务器端验证。

3.4.1　输入验证(RequireFieldValidator)

　　该控件强制输入新值。如果输入控件包含的值仍为初始值而未更改,则该输入控件验证失败。默认情况下,初始值为空字符串(""),这指示必须在输入控件中输入值方可通过验证。若初始值不为空字符串,即输入控件具有默认值而且希望用户选择其他值时非常有效。例如,默认情况下,可能有一个具有选定输入的 ListBox 控件,其中包含用户从列表中选择项的说明,用户必须从控件中选择一项,但不希望用户选择包含说明的项,便可通过将该项的值指定为初始值来防止用户选择该项。如果用户选择该项,RequiredFieldValidator 控件将显示它的错误信息。

　　示例:

〈html xmlns="http://www.w3.org/1999/xhtml"〉

〈head runat="server"〉

　　〈title〉无标题页〈/title〉

〈/head〉

〈body〉

　　〈form id="form1" runat="server"〉

　　〈div〉

　　姓名:〈asp:TextBox id="Text1"

　　　Text="输入姓名"

　　　runat="server"/〉

〈asp:RequiredFieldValidator id="RequiredFieldValidator1"

```
        ControlToValidate="Text1" Text="姓名不能为空" runat="server"/〉
〈p /〉
〈asp：Button id="Button1"
      runat="server"
      Text="验证"/〉
    〈/div〉
    〈/form〉
〈/body〉
〈/html〉
```

3.4.2 比较验证(CompareValidator)

将输入控件的值同常数值或其他输入控件的值相比较,以确定这两个值是否与由比较运算符(小于、等于、大于等等)指定的关系相匹配。如果输入控件为空,则不调用任何验证函数且验证成功,应使用 RequiredFieldValidator 控件防止用户跳过某个输入控件。

示例:

```
〈html xmlns="http：//www.w3.org/1999/xhtml" 〉
〈head runat="server"〉
      〈title〉无标题页〈/title〉
〈/head〉
〈body〉
    〈form id="Form1" runat="server"〉
      〈h3〉比较验证示例〈/h3〉〈p〉
      在文本框中输入字符串,点击验证比较结果.
        〈table bgcolor="#eeeeee" cellpadding="10"〉
          〈tr valign="top"〉
          〈td〉
              〈h5〉String 1：〈/h5〉
              〈asp：TextBox id="TextBox1" runat="server"/〉
          〈br〉
              〈asp：CompareValidator id="Compare1"
                  ControlToValidate="TextBox1"
                  ControlToCompare="TextBox2" Type="String"
                  EnableClientScript="false" Text="Failed Validation"
                  runat="server"/〉
          〈/td〉
          〈td〉
              〈h5〉Comparison Operator：〈/h5〉
              〈asp：ListBox id="ListOperator" OnSelectedIndexChanged="Operator_
Index_Changed" runat="server"〉
```

```
            〈asp:ListItem Selected Value="Equal" 〉Equal〈/asp:ListItem〉
            〈asp:ListItem Value="NotEqual" 〉NotEqual〈/asp:ListItem〉
            〈asp: ListItem  Value = " GreaterThan "  〉 GreaterThan 〈/asp:
ListItem〉
            〈asp:ListItem Value="GreaterThanEqual" 〉GreaterThanEqual〈/
asp:ListItem〉
            〈asp:ListItem Value="LessThan" 〉LessThan〈/asp:ListItem〉
            〈asp:ListItem Value = "LessThanEqual"  〉LessThanEqual〈/asp:
ListItem〉
            〈asp:ListItem  Value = "DataTypeCheck"  〉DataTypeCheck〈/asp:
ListItem〉
            〈/asp:ListBox〉
        〈/td〉
        〈td〉
            〈h5〉String 2:〈/h5〉
            〈asp:TextBox id="TextBox2" runat="server"/〉
            〈br〉
            〈asp:CompareValidator id="Compare2"
                ControlToValidate="TextBox2"
                Operator="DataTypeCheck"
                EnableClientScript="false"
                Text="Invalid Data Type"
                runat="server"/〉
            〈br〉
            〈asp:Button id="Button1" Text="验证"
                OnClick="Button_Click" runat="server"/〉
        〈/td〉
    〈/tr〉
    〈tr〉
        〈td colspan="3" align="center"〉
            〈h5〉Data Type:〈/h5〉
            〈asp:ListBox id="ListType"
                OnSelectedIndexChanged="Type_Index_Changed"
                runat="server"〉
            〈asp:ListItem Selected Value="String" 〉String〈/asp:ListItem〉
            〈asp:ListItem Value="Integer" 〉Integer〈/asp:ListItem〉
            〈asp:ListItem Value="Double" 〉Double〈/asp:ListItem〉
            〈asp:ListItem Value="Date" 〉Date〈/asp:ListItem〉
            〈/asp:ListBox〉
```

```
            </td>
          </tr>
        </table>
        <br>
        <asp：Label id="lblOutput" Font-Name="verdana" Font-Size="10pt"
            runat="server"/>
    </form>
  </body>
</html>
public void Button_Click(Object sender，EventArgs e)
    {  if (Page. IsValid)
        {    lblOutput. Text="Result：验证通过!"；      }
        else
        {    lblOutput. Text="Result：验证未通过!"；      }
    }
public void Operator_Index_Changed(Object sender，EventArgs e)
    {    Compare1. Operator ＝ ( ValidationCompareOperator ) ListOperator.
SelectedIndex；
        Compare1. Validate()；
    }
public void Type_Index_Changed(Object sender，EventArgs e)
    {    Compare1. Type=(ValidationDataType)ListType. SelectedIndex；
        Compare2. Type=(ValidationDataType)ListType. SelectedIndex；
        Compare1. Validate()；
    }
```

习题

(1) 什么是数据绑定？什么是绑定表达式？

(2) Eval()、Bind()及 DataBind()用于数据库绑定时,分别用于什么场合？有什么区别？

(3) SqlDataSource 数据源控件的配置中,什么情况下需要配置"生成 INSERT、UPDATE 和 DELETE 语句"？

(4) 上机练习 GridView 控件和 FormView 控件的使用。

4　数据浏览设计

本章要点

◆ 数据浏览设计的基本概念
◆ 数据浏览设计的常用输出控件介绍
◆ 数据浏览设计的设计方案及实现

4.1　什么是数据浏览设计

我们把在不输入任何检索关键字的情况下,将后台数据输出到前台用户服务界面供用户查看的设计称为数据浏览设计。

数据浏览设计是软件设计的重要设计之一,浏览设计关注的焦点是批量数据,从用户的角度来看,一般要求在短时内能观察到若干同类信息实体。

4.2　数据浏览设计的常用输出控件

4.2.1　网格

网格是进行数据浏览的最常用控件之一,可利用网格一次性浏览批量数据,如图 4.1 所示。

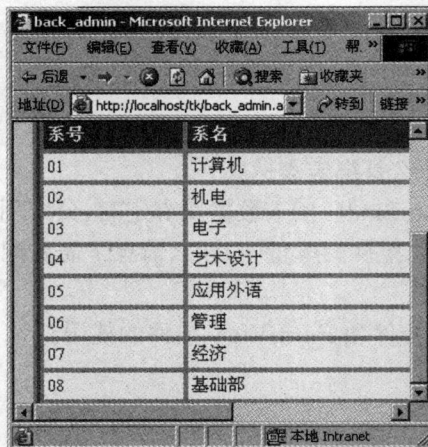

图 4.1　在网格中浏览数据

1) 优点
(1) 格式整齐。

（2）便于批量查看数据。

（3）编程方便。

2）缺点

（1）信息分散。

（2）不便于维护。

（3）格式单调。

4.2.2　编辑框

编辑框也是进行数据浏览的常用控件之一，可利用编辑框进行单记录数据浏览，其浏览效果如图 4.2 所示。

图 4.2　在编辑框中浏览数据

1）优点

（1）将注意力放在单一记录上。

（2）数据维护方便。

2）缺点

（1）界面设计复杂。

（2）编程复杂。

4.2.3　下拉列表

对于某些信息量较少的单一信息，可绑定到下拉列表，以方便用户浏览选择。图 4.3 就是在下拉列表中进行信息浏览的例子。

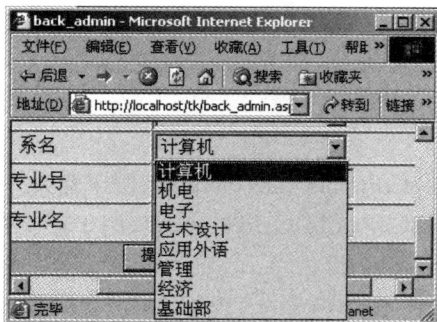

图 4.3　下拉列表浏览

4.3　基于数据库的浏览设计

4.3.1　后台数据输出到网格的浏览设计

4.3.1.1　设计方案一

1）设计基本思路

（1）指定查询语句。

（2）连接后台数据库，执行查询并生成 SqlDataReader 型对象。

（3）绑定数据到网格。

2）设计的逻辑结构

针对以上设计思路，设计的逻辑结构描述如图 4.4 所示。

图 4.4　后台数据输出到网格逻辑图

3）设计实例

（1）输入输出设计。

① 输入：在编辑框（System. Web. UI. WebControls. TextBox）中输入；输入内容为指定查询语句。

② 输出：在网格（System. Web. UI. WebControls. GridView）中输出；输出内容为后台数据库表中的数据。

（2）设计静态类方法。

public static void sql_out_grid（System. Web. UI. WebControls. TextBox tb, System. Web. UI. WebControls. GridView gv）

｛

　　//具体逻辑

｝

参数说明：

Tb：System. Web. UI. WebControls. TextBox 型，用于输入 SQL 语句；

Gv：System. Web. UI. WebControls. GridView 型，用于输出查询结果；

（3）类方法实现。

public static void sql_out_grid（System. Web. UI. WebControls. TextBox tb, System. Web. UI. WebControls. GridView gv）

　　　　｛

```
        string constr＝System. Configuration. ConfigurationManager. AppSettings
["constr"]. ToString();
            SqlConnection con＝new SqlConnection(constr);
            con. Open();
            Sqlcommand com＝new Sqlcommand(tb. text,con);
            dg. DataSource＝com. execreader();
            dg. DataBind();
            con. Close();
        }
```

特别说明：

① 本书用 SQL Server 中 pubs 数据库作为测试数据库，连接字符串在 Web. Config 文件中设置如下：

〈connectionStrings〉

    〈add name＝"con_pub" connectionString＝"Data Source＝. ；Initial Catalog＝pubs；User ID＝sa" providerName＝"System. Data. SqlClient"/〉

    〈/connectionStrings〉

② 本书所有类方法均放于自定义类 st 中。

（4）类方法应用。

① 界面设计及效果。界面设计如图 4.5 所示。

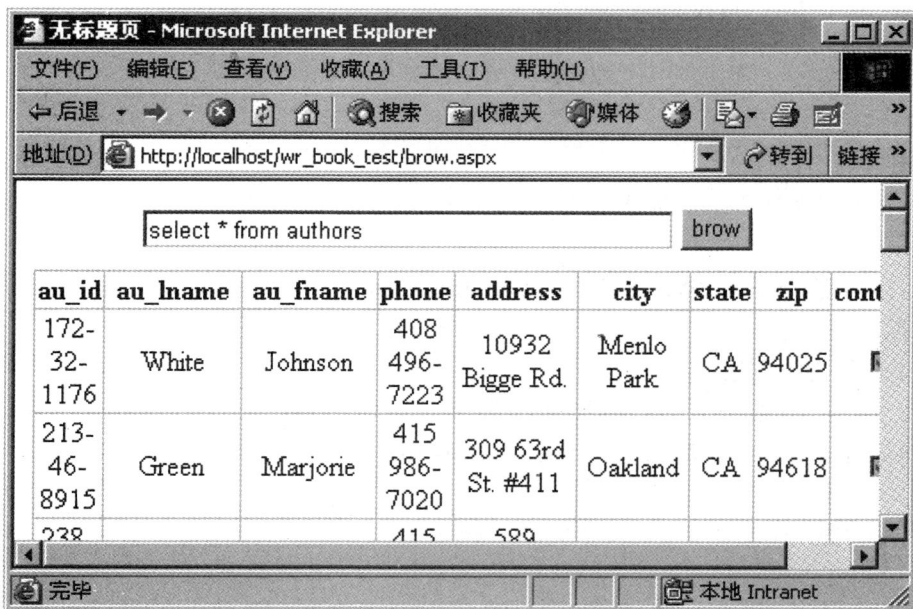

图 4.5 后台数据输出到网格

组件标识说明：

◆ TextBox_sql：用于输入查询语句的编辑框。

◆ brow_Button：用于浏览的按钮。

◆ brow_GridView：用于浏览输出的网格。

② 方法调用。

```
protected void brow_Button_Click(object sender，EventArgs e)
    {
          st. sql_out_grid(TextBox_sql，brow_GridView)；
    }
```

4.3.1.2 设计方案二

1）设计基本思路

（1）指定查询语句。

（2）连接后台数据库，利用适配器（SqlDataAdapter）在前台填充数据到数据集（DataSet）\r 的内存表中。

（3）绑定数据表到网格。

2）设计的逻辑结构

以上是基于数据集的模型，针对以上设计思路，设计的逻辑结构描述如图4.6所示。

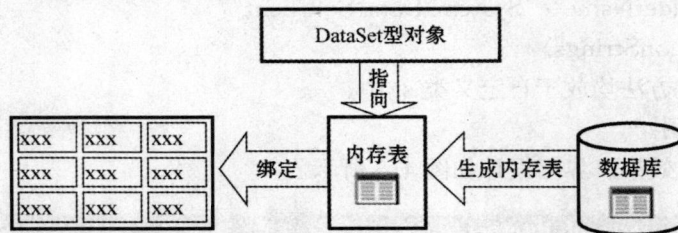

图 4.6　基于数据集模型的后台数据输出到网格逻辑图

3）设计实例

（1）输入输出设计。

输入：在编辑框（System. Web. UI. WebControls. TextBox）中输入；输入内容为指定查询语句。

输出：在网格（System. Web. UI. WebControls. GridView）中输出；输出内容为后台数据库表中的数据。

（2）设计静态类方法。

```
public static void sql_out_grid(System. Web. UI. WebControls. TextBox tb，System.
Data. Dataset ds，System. Web. UI. WebControls. GridView gv)
    {
        //具体逻辑
    }
```

参数说明：

Tb：System. Web. UI. WebControls. TextBox 型，用于输入 SQL 语句；

Gv：System. Web. UI. WebControls. GridView 型，用于输出查询结果；

（3）类方法实现。

Using System. Data. SqlClient；

```
public static void sql_out_grid(System. Web. UI. WebControls. TextBox tb，System.
Data. Dataset ds，System. Web. UI. WebControls. GridView   gv)
            {
                string constr＝System. Configuration. ConfigurationSettings. AppSettings
["constr"]. ToString()；
                SqlConnection con＝new SqlConnection(constr)；
                con. Open()；
                SqlDataAdapter adp＝new SqlDataAdapter (tb. text,con)；
                Adp. fill(ds,"t")；
                dg. DataSource＝ds. Tables["t"]；
                dg. DataBind()；
                con. Close()；
            }
```

4.3.2 后台数据输出到编辑框的浏览设计

1）设计基本思路

（1）指定查询语句。

（2）连接后台数据库,利用适配器(SqlDataAdapter)在前台填充数据到数据集(DataSet)\r
的内存表中。

（3）输出指定的一行到编辑框。

2）设计的逻辑结构

针对以上设计思路,设计的逻辑结构描述如图 4.7 所示。

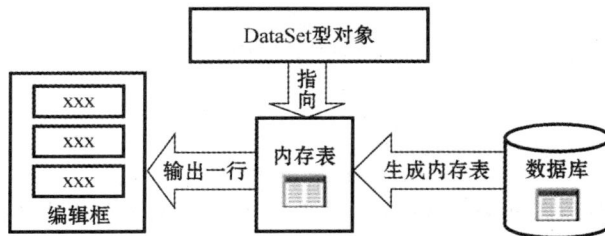

图 4.7 后台数据在编辑框中浏览的逻辑图

3）设计实例

（1）输入输出设计。

输入:在编辑框(System. Web. UI. WebControls. TextBox)中输入查询语句。

输出:在编辑框(System. Web. UI. WebControls. TextBox)组中输出。

（2）设计静态类方法。

```
public static void sig_sql_to_text(System. Web. UI. WebControls. TextBox t，int col,
int r,params System. Web. UI. WebControls. TextBox[] tb)
        {
        //具体逻辑
```

```
        }
```

参数说明：

t：System. Web. UI. WebControls. TextBox 型，用于输入查询语句；

col：int 型，用于限定输出是内存表中哪一行；

r：int 型，用于指明输出项的行号；

tb：params System. Web. UI. WebControls. TextBox 型数组；用于显示输出项。

（3）类方法实现。

public static System. Data. DataSet brow_ds；

// 数据集第 r 行数据输出到编辑框的通用类设计

```
    public static void sig_sql_to_text(System. Web. UI. WebControls. TextBox t, int
col, int r, params System. Web. UI. WebControls. TextBox[] tb)
    {
        string c_str=System. Configuration. ConfigurationManager. ConnectionStrings
["c_pub"]. ToString();
        SqlConnection con=new SqlConnection(c_str);
        con. Open();
        SqlDataAdapter adp=new SqlDataAdapter(t. Text, con);
        if (brow_ds==null)
            brow_ds=new DataSet();
        adp. Fill(brow_ds, "t");
        int i=0;
        foreach (System. Web. UI. WebControls. TextBox a in tb)
        {
            a. Text=brow_ds. Tables[0]. Rows[r][i]. ToString();
            i++;
        }
    }
```

这里设置了外部静态数据集 brow_ds，理由在于本数据集在以上方法所在类的外部还要使用，用户通过界面要进行浏览时，要在不同的行之间进行变换，所以，对于数据集行的定位反复在不同的模块中执行。

（4）类方法应用实例。

① 界面设计及效果。界面设计如图 4.8 所示。

组件标识说明：

◆　sql_TextBox：用于输入查询语句的编辑框。

◆　browse_Button：用于浏览的按钮。

◆　fname_TextBox：用于输出 au_fname 字段信息的编辑框。

◆　lname_TextBox：用于输出 au_lname 字段信息的编辑框。

◆　prior_Button：用于浏览当前信息前一条信息的按钮。

◆　next_Button：用于浏览当前信息后一条信息的按钮。

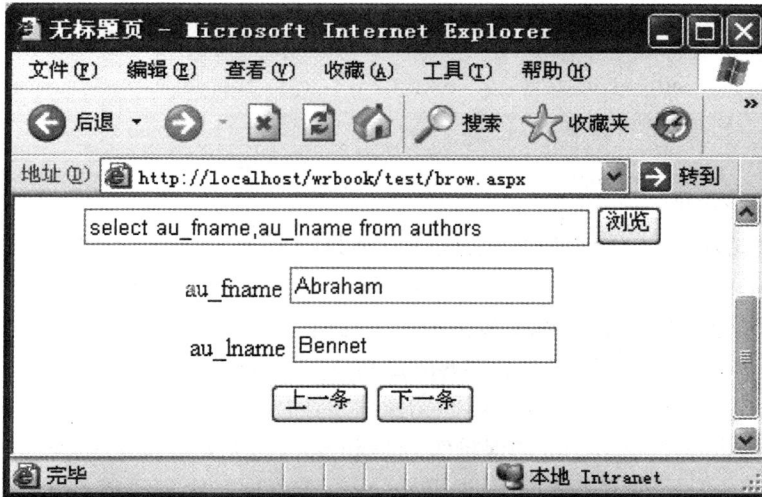

图 4.8　在编辑框中浏览数据

② 方法调用。

```
private static int c_r;//用于定位数据集中的行
protected void Page_Load(object sender，EventArgs e)
    {
        if（!this. IsPostBack）
            c_r=0;//页面第一次加载时,c_r初始化
    }


protected void browse_Button_Click(object sender，EventArgs e)
    {
        st. sig_sql_to_text(sql_TextBox，2,0，fname_TextBox，lname_TextBox);
    }


protected void prior_Button_Click(object sender，EventArgs e)
    {
        if（c_r > 0）
        {
            c_r－－;
            st. sig_sql_to_text(sql_TextBox，2，c_r，fname_TextBox，lname_TextBox);
        }
    }


protected void next_Button_Click(object sender，EventArgs e)
    {
        if（c_r < st. brow_ds. Tables[0]. Rows. Count-1）
```

```
        {
            c_r++;
            st. sig_sql_to_text(sql_TextBox, 2, c_r, fname_TextBox, lname_TextBox);
        }
    }
```

（5）优化设计方案。

① 基于安全的优化。本例的类方法实现方案是：

public static System. Data. DataSet brow_ds;

//数据集第 r 行数据输出到编辑框的通用类设计

public static void sig_sql_to_text(System. Web. UI. WebControls. TextBox t, int col, int r, params System. Web. UI. WebControls. TextBox[] tb)

我们注意到，数据集 brow_ds 的保护级别是 public，这无疑增加了 brow_ds 被访问的安全隐患，但又不能将 brow_ds 的保护级别改成 private，若将保护级别改成 private，brow_ds 在所在类的外部又不可使用。

要解决以上以矛盾，可在要调用以上类方法的内部定义保护级别为 private 的静态数据集，具体做法如下。

◆　自定义类方法模块。

```
public class st
{
    public st()
    {    }
    //数据集第 r 行数据输出到编辑框的通用类方法设计
    public static void sig_sql_to_text(System. Web. UI. WebControls. TextBox t, int col, int r, params System. Web. UI. WebControls. TextBox[] tb)
    {
        string c_str=System. Configuration. ConfigurationManager. ConnectionStrings["c_pub"]. ToString();
        SqlConnection con=new SqlConnection(c_str);
        con. Open();
        SqlDataAdapter adp=new SqlDataAdapter(t. Text, con);
        if (brow_ds==null)
            brow_ds=new DataSet();
        adp. Fill(brow_ds, "t");
        int i=0;
        foreach (System. Web. UI. WebControls. TextBox a in tb)
        {
            a. Text=brow_ds. Tables[0]. Rows[r][i]. ToString();
            i++;
        }
```

```
    }

    //重载数据集第 r 行数据输出到编辑框的通用类方法设计
    public static void sig_sql_to_text(System. Web. UI. WebControls. TextBox t,
System. Data. DataSet ds,int col，int r，params System. Web. UI. WebControls. TextBox[]
tb)
    {
        string c_str=System. Configuration. ConfigurationManager. ConnectionStrings
["c_pub"]. ToString();
        SqlConnection con=new SqlConnection(c_str);
        con. Open();
        SqlDataAdapter adp=new SqlDataAdapter(t. Text，con);
        if (ds==null)
            ds=new DataSet();
        adp. Fill(ds, "t");
        int i=0;
        foreach (System. Web. UI. WebControls. TextBox a in tb)
        {
            a. Text=ds. Tables[0]. Rows[r][i]. ToString();
            i++;
        }
    }
}
```

重载类方法参数说明：
t：System. Web. UI. WebControls. TextBox 型，用于输入查询语句；
ds：存放用于用于浏览的数据表的数据集；
col：int 型，用于限定输出项的条目数；
r：int 型，用于指明输出项的行号；
tb：params System. Web. UI. WebControls. TextBox 型数组；用于显示输出项。
◆ 调用重载类方法模块。

```
public partial class _Default : System. Web. UI. Page
{
    private static int c_r;
    private static System. Data. DataSet ds;
    protected void Page_Load(object sender, EventArgs e)
    {
        if (!this. IsPostBack)
            c_r=0;
    }
```

```
protected void browse_Button_Click(object sender, EventArgs e)
    {
        st. sig_sql_to_text(sql_TextBox,ds,2,0, fname_TextBox, lname_TextBox);
    }
```
调用效果如图 4.9 所示。

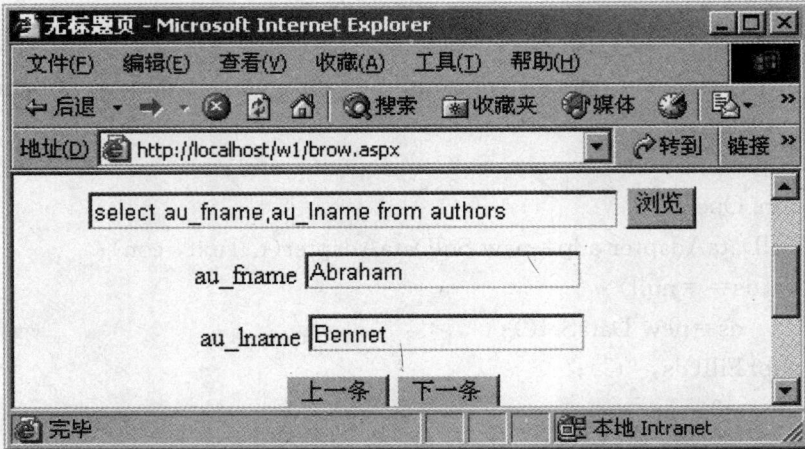

图 4.9　调用重载类方法在编辑框中浏览数据

② 代码整合优化。从以上解决方案中可看出，在进行记录浏览时，记录指针的上下移动可整合成一个通用方法。

该方法的实现如下：

// 以上实现记录指针移动并将当前记录输出到编辑框。

```
public static void ds_po_move(ref int po,int d, System. Data. DataSet ds,params
System. Web. UI. WebControls. TextBox[] tb)
    {
        po=po + d; // 其中 d 取值为 1 或-1,po 为当前记录位置。
        if (po < 0) po=0;
        if (po==ds. Tables[0]. Rows. Count) po--;
        for (int i=0; i <=tb. GetUpperBound(0); i++)
            tb[i]. Text=ds. Tables[0]. Rows[po][i]. ToString();
    }
```

4.3.3　后台数据输出到下拉列表的浏览设计

1) 设计基本思路

(1) 指定查询语句。

(2) 连接后台数据库,执行查询并生成 SqlDataReader 型对象。

(3) 指明绑定字段。

(4) 绑定字段到下拉列表。

2）设计的逻辑结构

针对以上设计思路，设计的逻辑结构描述如图 4.10 所示。

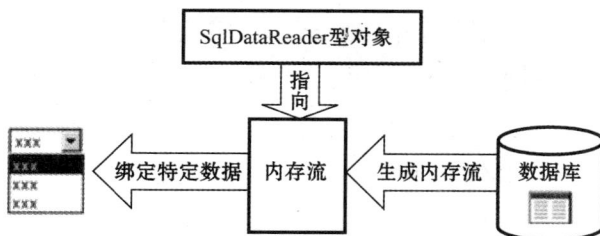

图 4.10 后台数据绑定到下拉列表的逻辑图

3）输入输出设计

输入：在编辑框（System. Web. UI. WebControls. TextBox)中输入查询语句。

输出：在下拉列表（System. Web. UI. WebControls. DropDownList)中输出要绑定的列。

4）设计静态类方法

public static void f_b_drop(System. Web. UI. WebControls. TextBox t, string f_name, System. Web. UI. WebControls. DropDownList dl)

{

　//具体逻辑

}

参数说明：

t：System. Web. UI. WebControls. TextBox 型，用于输入查询语句；

f_name：string 型，用于声明要绑定的字须名；

dl：System. Web. UI. WebControls. DropDownList 型，用于浏览绑定的字段。

5）类方法实现

//数据表字段绑定到下拉列表

```
    public static void f_b_drop(System. Web. UI. WebControls. TextBox t, string f_
name, System. Web. UI. WebControls. DropDownList dl)
        {
            string c_str=System. Configuration. ConfigurationManager. ConnectionStrings
["c_pub"]. ToString();
            SqlConnection con=new SqlConnection(c_str);
            con. Open();
            SqlCommand com=new SqlCommand(t. Text, con);
            dl. DataSource=com. ExecuteReader();
            dl. DataTextField=f_name;
            dl. DataBind();
            con. Close();
        }
```

6）类方法应用实例

（1）界面设计及效果。界面设计如图 4.11 所示。

图 4.11 表字段绑定到下列表

组件标识说明：

① SQl_b_TextBox：用于输入查询语句的编辑框；

② create_b_Button：用于产生绑定的按钮；

③ au_id_DropDownList：用于输出绑定字段的下拉列表。

（2）方法调用：

```
protected void create_b_Button_Click(object sender，EventArgs e)
    {
        st. f_b_drop(SQl_b_TextBox，"au_id"，au_id_DropDownList)；
    }
```

4.4 基于 XML 的浏览设计

4.4.1 基于数据集模型的 XML 浏览设计

1）设计思路

基于数据集模型的 XML 浏览设计的基本思路如下。

（1）创建数据集（DataSet）对象。

（2）利用数据集对象读取 XML 文档到内存表。

（3）输出内在表的全部或局部数据到浏览组件。

2）设计的逻辑结构

以上设计思路的逻辑模型描述如图 4.12 所示。

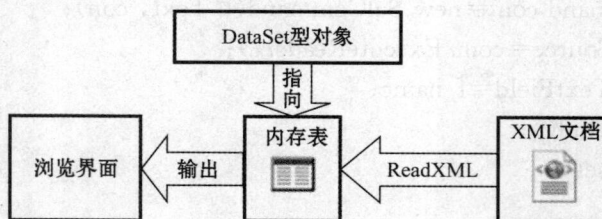

图 4.12 基于数据集模型的 XML 浏览设计的逻辑模型

3) 设计实例

(1) 设计通用类方法：

```
public class st
{
    public static System. Data. DataSet ds;
    public static int po;
    public st()
{    }
```

//以下由数据集装载由 x_f 所指定的 XML 文档,然后将内存表中的第 n 行输出到 tb 所指向的编辑框中。

```
public static void xml_to_tb(string x_f, int n, params System. Web. UI. WebControls.
TextBox[] tb)
    {
        if (ds==null) ds=new DataSet();
        ds. ReadXml(x_f);
        for (int i=0; i<=tb. GetUpperBound(0); i++)
            tb[i]. Text=ds. Tables[0]. Rows[n][i]. ToString();
    }
```

//以下是在数据集 ds 当前行 po 的基础上产生位移 d(d 的取值为 1 或 -1)之后再将当前行输出到编辑框。

```
public static void ds_po_move(int d, params System. Web. UI. WebControls. TextBox[]
tb)
    {
        po=po + d;
        if (po < 0) po=0;
        if (po==ds. Tables[0]. Rows. Count) po--;
        for (int i=0; i<=tb. GetUpperBound(0); i++)
            tb[i]. Text=ds. Tables[0]. Rows[po][i]. ToString();
    }
}
```

(2) 准备测试用 XML 文档"student. xml"。

```
<?xml version="1. 0" encoding="utf-8" ?>
<ss>
  <stud>
    <s_no>001</s_no>
    <s_name>aaa</s_name>
  </stud>
```

```
〈stud〉
    〈s_no〉002〈/s_no〉
    〈s_name〉bbb〈/s_name〉
  〈/stud〉
〈/ss〉
```

（3）调用类方法实现对 XML 数据浏览。

//页面加载时初始化当前行位置为 0；输出当前行到编辑框 TextBox1，TextBox2。

```
protected void Page_Load(object sender，EventArgs e)
    {
        if（!this. IsPostBack）
        {
            st. po=0；
            st. xml_to_tb（Request. PhysicalApplicationPath + "student. xml"，0，
TextBox1，TextBox2）；
        }
    }
```

//以下从数据集表当前行上移一行并输出。

```
protected void Button1_Click(object sender，EventArgs e)
    {
        st. ds_po_move(-1，TextBox1，TextBox2)；
    }
```

//以下从数据集表当前行下移一行并输出。

```
protected void Button2_Click(object sender，EventArgs e)
    {
        st. ds_po_move(1，TextBox1，TextBox2)；
    }
```

4.4.2 基于 DOM 模型的 XML 浏览设计

1）设计思路

基于 DOM 模型的 XML 浏览设计的基本思路如下。

（1）创建 XML 文档(XMLDocument)对象。

（2）利用文档对象装载 XML 文档到内存生成文档树。

（3）输出文档树中的某指定节点(XMLNode)到浏览组件。

2）设计的逻辑结构

以上设计思路的逻辑模型描述如图 4.13 所示。

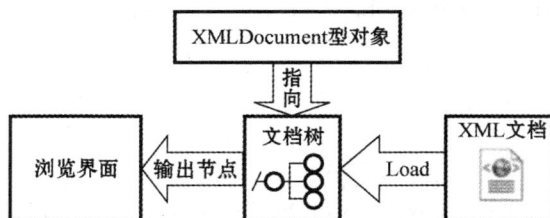

图 4.13 基于 DOM 模型的 XML 浏览设计的逻辑模型

3）设计实例

（1）设计实例（一）。

① 编制如下结构的 XML 文档。

〈学生信息〉
　　〈学生〉
　　　〈学生编号〉001〈/学生编号〉
　　　〈学生姓名〉刘一〈/学生姓名〉
　　　〈性别〉男〈/性别〉
　　〈/学生〉
　　〈学生〉
　　　〈学生编号〉002〈/学生编号〉
　　　〈学生姓名〉刘二〈/学生姓名〉
　　　〈性别〉男〈/性别〉
　　〈/学生〉
〈/学生信息〉

② 使用 DOM 技术设计 ASP.NET 应用程序实现对学生信息的逐个浏览。

```
public  XmlNode top;
public  int po;
public XmlDocument xdoc;
protected void Page_Load(object sender，EventArgs e)
{
    if（!this.IsPostBack）
    {
        xdoc＝new XmlDocument();
        string xmlf＝Request.PhysicalApplicationPath ＋ "学生.xml";
        xdoc.Load(xmlf);
        top＝xdoc.SelectSingleNode("//学生信息");
        this.TextBox1.Text＝top.ChildNodes[0].ChildNodes[0].InnerText；
        this.TextBox2.Text＝top.ChildNodes[0].ChildNodes[1].InnerText；
    }   }


//前一条记录
```

```
protected void Button1_Click(object sender，EventArgs e)
{
    if (po >0)
    {
        po——;
        this. TextBox1. Text=top. ChildNodes[po]. ChildNodes[0]. InnerText;
        this. TextBox2. Text=top. ChildNodes[po]. ChildNodes[1]. InnerText;
    }    }
//后一条记录
protected void Button2_Click(object sender，EventArgs e)
{
    if (po<top. ChildNodes. Count-1)
    {
        po++;
        this. TextBox1. Text=top. ChildNodes[po]. ChildNodes[0]. InnerText;
        this. TextBox2. Text=top. ChildNodes[po]. ChildNodes[1]. InnerText;
    }
}
```

为了达到设计的通用性，现编写通用类方法，进行优化。

（2）设计实例（二）。

① 编写通用方法：

```
public static void xdoc_out_tb(System. Xml. XmlNode t,int r,params System. Web. UI.
WebControls. TextBox[] tb)
    {
            for(int i=0;i<=tb. GetUpperBound(0);i++)
                tb[i]. Text=t. ChildNodes[r]. ChildNodes[i]. InnerText;
    }
```

//以下实现在当前位置 pp 处产生位移 d(d 的取值为 1 或－1)再输出当前节点信息到 tb 所指向的编辑框。

```
public static void pos_move(ref int pp,int d,System. Xml. XmlNode t,params System.
Web. UI. WebControls. TextBox[] tb)
    {
        pp=pp+d;
        if(pp==－1) pp=0;
        if(pp==t. ChildNodes. Count) pp——;
        for(int i=0;i<=tb. GetUpperBound(0);i++)
            tb[i]. Text=t. ChildNodes[pp]. ChildNodes[i]. InnerText;
    }
```

② 准备 XML 文档：

```xml
<?xml version="1.0" encoding="utf-8" ?>
<ss>
  <stud>
    <s_no>001</s_no>
    <s_name>aaa</s_name>
  </stud>
  <stud>
    <s_no>002</s_no>
    <s_name>bbb</s_name>
  </stud>
</ss>
```

③ 调用类方法。

```csharp
private static int pos;//当前节点位置
private static System.Xml.XmlNode p;//在内在树中指向"ss"节点
//页面加载时
private void Page_Load(object sender, System.EventArgs e)
    {
            if(!this.IsPostBack)
            {
                pos=0;
                System.Xml.XmlDocument xdoc = new System.Xml.XmlDocument
();
                xdoc.Load(Request.PhysicalApplicationPath+"student.xml");
                p=xdoc.SelectSingleNode("//ss");
                st.xdoc_out_tb(p,0,TextBox1,TextBox2);
            }
    }


//以下下移
    private void Button2_Click(object sender, System.EventArgs e)
    {
        st.pos_move(ref pos,1,p,TextBox1,TextBox2);
    }
//以下上移
    private void Button1_Click(object sender, System.EventArgs e)
    {
        st.pos_move(ref pos,-1,p,TextBox1,TextBox2);
    }
```

习题

（1）在后台数据库创建名为"testdb"的数据库，在该数据库中依照关系模式"学生（学号，姓名，性别）"创建数据表，然后完成以下设计。

① 设计后台数据输出到网格（GridView）的通用类方法并调用该方法实现将"学生"表信息输出到位网格。

② 设计后台数据表单行记录输出到编辑框（TextBox）的通用类方法并调用该方法实现对"学生"表记录逐行浏览。

③ 设计数据表字段绑定到下拉列表（DropDownList）的通用类方法并调用该方法实现"学生"表"学号"字段绑定到下拉列表。

（2）编制如下结构的 XML 文档，元素的具体值请自行添加。使用 DOM 技术设计 ASP.NET 应用程序实现对教师信息的逐个浏览。

```
〈教师信息〉
〈教师〉
    〈教师编号〉〈/教师编号〉
    〈教师姓名〉〈/教师姓名〉
    〈性别〉〈/性别〉
〈/教师〉
〈/教师信息〉
```

5 数据检索设计

本章要点

◆ 数据检索设计的基本概念

◆ 数据检索设计的常用输入、输出控件

◆ 数据检索设计的设计方案及实现

5.1 什么是数据检索设计

我们把在输入检索关键字的情况下,根据检索条件将后台数据输出到前台用户服务界面供用户查看的设计称为数据检索设计。

数据检索设计是信息系统设计的重要设计之一,检索设计关注的焦点是由约束条件产生的局部数据,从用户的角度来看,一般只要求在某一时刻能观察到单一信息实体即可。

5.2 数据检索设计的常用输入、输出控件

数据检索设计中的输入一般用编辑框,如在编辑框中输入学生"学号"检索一个学生;若某项信息的所有可能输入值所构成的集合元素数目不多,则输入组件也可用下拉列表,将某项信息的所有可能输入值构成一个集合,将该集合绑定到下拉列表供用户选择,如在检索一个人的信息时需要输入"性别"信息,该项信息的取值只能是"男"或"女"且取值范围有限,所以可绑定到下拉列表供用户选择。

在进行信息检索时,输入组件可组合使用,如编辑框可与下拉列表组合使用进行检索。

数据检索的输出组件同浏览设计。

5.3 数据检索设计

5.3.1 基于数据库的检索设计

5.3.1.1 基于数据集的直接检索设计

1) 设计思路

(1) 在编辑框中输入检索关键字。

(2) 利用查询语句指定的数据库表生成内存表,该内存表由数据集指向。

(3) 在内存表中循环搜索关键字所在的列。

(4) 若搜索到,则返回关键字所在内存表行号并输出到编辑框,同时告知用户搜索成功。

（5）若搜索不到,则告知用户未能搜索到。

2）设计的逻辑结构

针对以上设计思路,其设计逻辑结构描述如图5.1所示。

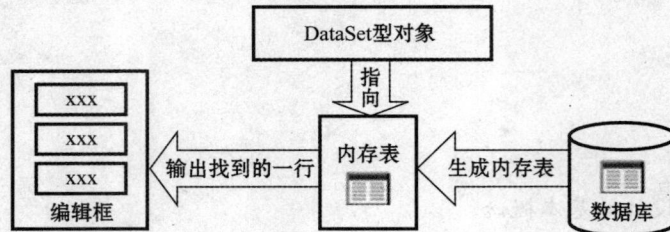

图5.1　基于数据集的直接检索设计逻辑结构

3）设计类方法

（1）模块设计及主要功能。

① 生成内存表模块。该模块可将指定查询传递给适配器,现由适配器填充某数据集指向的内存表。

② 在内存表中检索模块。在已生成的内存表中循环搜索,若搜索到,则返回关键字所在内存表行号并输出到编辑框,同时告知用户搜索成功。若搜索不到,则告知用户未能搜索到。

（2）参数设计。

① 生成内存表模块参数:

◆　需要指定一查询语句（string sql）。

◆　填充内存表需要指定数据集对象（DataSet ds）。

② 在内存表中检索模块参数:

◆　访问内存表需要指定数据集对象（DataSet ds）。

◆　输出找到的一行,需要指定编辑框数组（TextBox[] tb）。

◆　告知用户是否检索成功需弹出对话框,可用页面（Page P）对象调用 Java 脚本。

（3）类方法实现:

```
public class st
    {
        public st()
        {          }
    //以下初始化数据,生成内存表
        public static void init_data(string sql,System. Data. DataSet ds)
        {
            string con_str = "Integrated Security = SSPI;Persist Security Info =
False;Initial Catalog = pubs;Data Source = 701 - a50";
            SqlConnection con = new SqlConnection(con_str);
            SqlDataAdapter adp = new SqlDataAdapter(sql,con);
            adp. Fill(ds);
            con. Close();
```

```
        }
    //以下在指定数据集表中搜索
            public static void search_in_ds(string key, System. Web. UI. Page p,
System. Data. DataSet ds, params System. Web. UI. WebControls. TextBox[] tb)
        {
            int i=-1;
            for(int k=0;k<=ds. Tables[0]. Rows. Count-1;k++)
            {
                if(ds. Tables[0]. Rows[k][0]. ToString()==key)
                {i=k;break;}
            }
            if(i==-1)
                p. RegisterStartupScript("","<script language='javascript'>
alert('未找到相应信息');</script>");
            else
                for(int j=0;j<=tb. GetUpperBound(0);j++)
                    tb[j]. Text=ds. Tables[0]. Rows[i][j+1]. ToString(); }
    }
```

4）应用实例

//以下先定义可跨模块使用的数据集。

```
private static System. Data. DataSet ds;
```

//以下是页面加时初始化。

```
private void Page_Load(object sender, System. EventArgs e)
    {
        if(!this. IsPostBack)
        {
            if(ds==null) ds=new DataSet();
            st. init_data("select au_id,au_fname,au_lname from authors",ds);
        }
    }
```

//以下是搜索并输出

```
private void search_Button_Click(object sender, System. EventArgs e)
        { st. search_in_ds(TextBox1. Text,Page,ds,TextBox2,TextBox3); }
```

该实例例执行结果如图 5.2 所示。

5）设计优化

以上设计有一定局限性，如果后台数据表较大，则生成的内存的开销将增大，又由于查询语句本身具有检索功能，可将检索关键字事先嵌入查询语句中，在数据库服务器端先执行查询，将筛选后的数据填充到应用程序服务器端，最后在应用程序服务器端判断是否产生了填充数据，若无填充数据，则表示未检索到，否则输出检索到的数据。

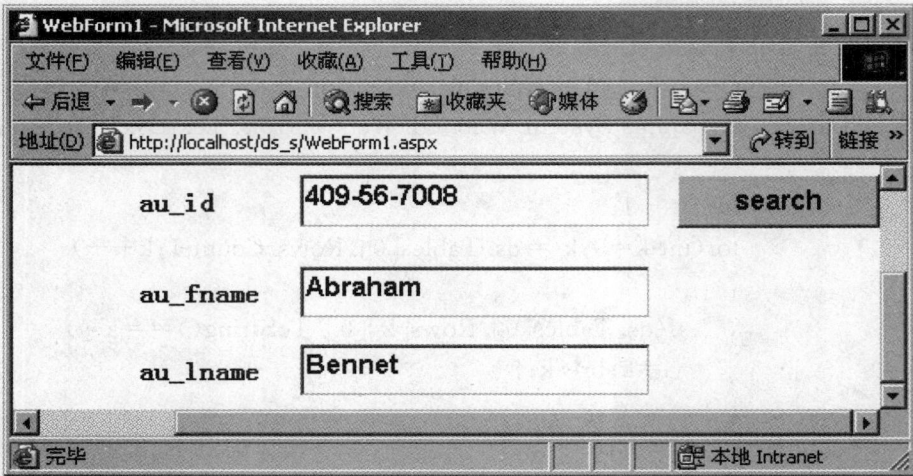

图 5.2　基于数据集的直接检索实例

针对以上设计思路，其设计逻辑结构描述如图 5.3 所示。

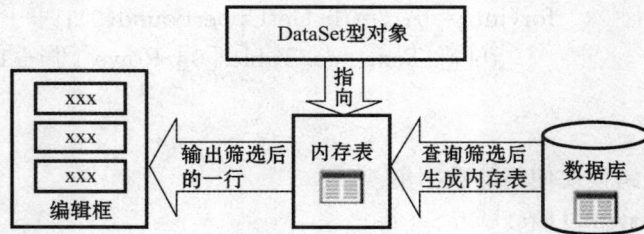

图 5.3　基于数据集的筛选直接检索设计逻辑结构

基于以上分析，类方法设计可做如下改进。

```
public class st
    {
        public st()
        {          }
```

//以下初始化数据，生成内存表
//注意：参数 sql 是嵌入检索关键字的查询语句。

```
        public static void init_data(string sql,System. Data. DataSet ds)
        {
        string con_str="Integrated Security=SSPI;Persist Security Info=
False;Initial Catalog=pubs;Data Source=701-a50";
        SqlConnection con=new SqlConnection(con_str);
        SqlDataAdapter adp=new SqlDataAdapter(sql,con);
        adp. Fill(ds);
        con. Close();
```

```
            }

    //以下对数据集表进行判断性输出
            public static void search_in_ds(System. Web. UI. Page p, System. Data.
DataSet ds, params System. Web. UI. WebControls. TextBox[] tb)
            {
                if(ds. Tables[0]. Rows. Count==0)
                    p. RegisterStartupScript ( "","〈script language = ' javascript '〉
alert('未找到相应信息');〈/script〉");
                else
                    for(int j=0;j〈=tb. GetUpperBound(0);j++)
                        tb[j]. Text=ds. Tables[0]. Rows[0][j+1]. ToString();
            }

        }
```

5.3.1.2　基于视图的精确检索设计

所谓精确检索,就是被检索的信息必须与检索关键字完全匹配,一般检索之后输出的信息比较单一。

1) 设计思路

(1) 在编辑框中输入检索关键字。

(2) 利用查询语句指定的数据库表生成内存表,该内存表由数据集指向。

(3) 利用内存表生成视图。

(4) 利用视图的 Find 方法查找数据。

(5) 若搜索到,则输出视图中找到的行编辑框。

(6) 若搜索不到,则告知用户未能搜索到。

2) 设计的逻辑结构

针对以上设计思路,其设计逻辑结构描述如图 5.4 所示。

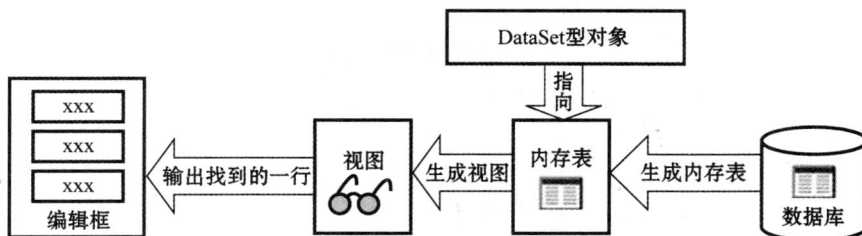

图 5.4　基于视图检索设计逻辑结构

3) 设计类方法

(1) 模块设计及主要功能:

① 生成视图模块。该模块可将指定查询传递给适配器,现由适配器填充某数据集指向的内存表。

② 在视图中检索模块。在已生成的视图中搜索给定关键字,若搜索到,则输出关键字所

在行到编辑框,同时告知用户搜索成功。若搜索不到,则告知用户未能搜索到。

(2) 参数设计。

① 生成视图模块参数:

◆ 需要指定一查询语句(string sql)。

◆ 生成视图(DataView dv)。

◆ 在检索之前指定排序关键字(string sort_key)。

② 在视图中检索参数:

◆ 指定检索关键字(string key),如果是组合检索,则检索关键字可能是数组(string[] key)。

◆ 调用视图(DataView dv)的 Find 方法。

◆ 输出找到的一行,需要指定编辑框数组(TextBox[] tb)。

◆ 告知用户是否检索成功,需弹出对话框,可用页面(Page P)对象调用 Java 脚本。

(3) 类方法实现:

```
public class st
    {
        public st()
        {   }
        //以下初始化数据,生成视图
        public static void init_data(string sql, ref System. Data. DataView dv,
string sort_key)
        {
            string con_str="Integrated Security=SSPI;Persist Security Info=
False;Initial Catalog=pubs;Data Source=.";
            SqlConnection con=new SqlConnection(con_str);
            SqlDataAdapter adp=new SqlDataAdapter(sql,con);
            System. Data. DataSet ds=new System. Data. DataSet();
            adp. Fill(ds);
            dv=ds. Tables[0]. DefaultView;
            dv. Sort=sort_key;
            con. Close();
        }
        //以下在指定的视图中搜索
        public static void search_in_dv(string key, System. Web. UI. Page p, ref
System. Data. DataView dv,params System. Web. UI. WebControls. TextBox[] tb)
        {
            int i;
            i=dv. Find(key);
            if(i<0)
                p. RegisterStartupScript("","<script language=' javascript '>
```

```
alert('未找到相应信息');</script>");
    else
                        for(int j=0;j<=tb. GetUpperBound(0);j++)
                            tb[j]. Text=dv[i][j+1]. ToString();
        }
```

// 以下重载在指定的视图中搜索

```
            public static void search_in_dv(string[] key,System. Web. UI. Page p,ref
System. Data. DataView dv,params System. Web. UI. WebControls. TextBox[] tb)
            {
                int i;
                i=dv. Find(key);
                if(i<0)
                    p. RegisterStartupScript ( "","<script language = ' javascript '>
alert('未找到相应信息');</script>");
    else
                        for(int j=0;j<=tb. GetUpperBound(0);j++)
                            tb[j]. Text=dv[i][j+1]. ToString();
            }    }
```

4) 应用实例

(1) 单一关键字精确检索实例。

以下在 pubs 数据库的 authors 表中根据输入的作者编号(au_id)检索一个作者,如检索到作者存在,则输出作者的 au_lname、au_fname。

// 先定义能跨模块使用的视图

```
private static System. Data. DataView dv;
```

// 以下是页面加载时,生成视图

```
private void Page_Load(object sender, System. EventArgs e)
        {
            if(!this. IsPostBack)
            {
                if(dv==null) dv=new DataView();
                st. init_data("select au_id,au_fname,au_lname from authors",ref dv,
"au_id");
            }
        }
```

// 以下在视图中检索

```
private void Button1_Click(object sender, System. EventArgs e)
        {
            st. search_in_dv(TextBox1. Text,Page,ref dv,TextBox2,TextBox3);
```

```
        }
```

该实例的执行结果如图 5.5 所示。

图 5.5　基于视图检索的实例

（2）复合关键字精确检索实例。

以下在 pubs 数据库的 authors 表中根据输入的作者编号（au_id）、作者的 au_fname 检索一个作者，如检索到作者存在，则输出作者的 au_lname。

```
// 先定义能跨模块使用的视图
private static System. Data. DataView dv;
// 以下是页面加载时，生成视图
private void Page_Load(object sender, System. EventArgs e)
        {
                if( ! this. IsPostBack)
                {
                        if(dv= =null) dv=new DataView();
                        st. init_data("select au_id,au_fname,au_lname from authors", ref dv,
"au_id,au_fname");
                }
        }
// 以下在视图中检索
private void Button1_Click(object sender, System. EventArgs e)
        {
                String[] comb_key={TextBox1. Text, TextBox2. Text};
                // comb_key 是组合关键字数组，在 TextBox1 中输入 au_id,在 TextBox2 输入
au_fname
                st. search_in_dv(comb_key,Page,ref dv,TextBox3);
        }
```

5.3.1.3　基于视图的模糊检索设计

所谓模糊检索,就是只要求被检索信息的局部与检索关键字相匹配即可。模糊检索一般会输出多条信息,所以模糊检索输出信息一般用网格(GridView)。

1) 设计思路

(1) 在编辑框中输入检索模糊关键字。

(2) 利用查询语句指定的数据库表生成内存表,该内存表由数据集指向。

(3) 利用内存表生成视图。

(4) 设置视图的行过滤器(RowFilter)。

(5) 绑定视图数据到网格。

(6) 判断已绑定行数,若行数为 0,则表示未检索到相关数据,告知用户未能搜索到。

(7) 若绑定行数不为 0,则输出相关信息。

2) 设计的逻辑结构

针对以上设计思路,其设计逻辑结构描述如图 5.6 所示。

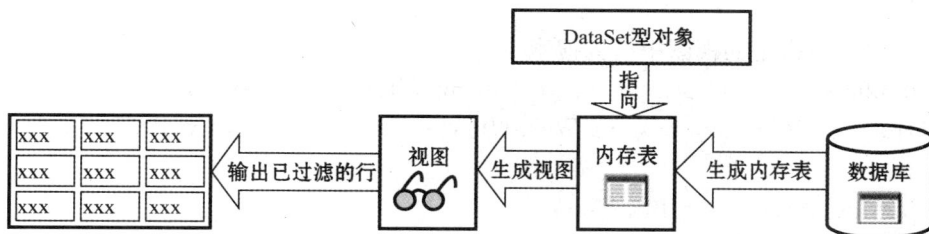

图 5.6　基于视图的模糊检索设计逻辑结构

3) 设计类方法

(1) 模块设计及主要功能。

① 生成视图模块(M1)。该模块可将指定查询传递给适配器,现由适配器填充某数据集指向的内存表。

② 在视图中模糊检索模块(M2)。在已生成的视图中模糊检索,若搜索到,则输出关键字所在行到编辑框,同时告知用户搜索成功。若搜索不到,则告知用户未能搜索到。

(2) 参数设计。

① M1 参数设计。

◆　需要指定一查询语句(string sql)。

◆　生成视图(DataView dv)。

② M2 参数设计。

◆　设置视图(DataView dv)的 RowFilter(string filter_str)。

◆　输出过滤后的数据到网格(GridView gv)。

◆　告知用户是否有过滤数据,需弹出对话框,可用页面(Page P)对象调用 Java 脚本。

(3) 类方法实现。

```
using System. Data. SqlClient;
public class st
{
```

```
    public st()
    {
    }
    //以下初始化数据,生成视图
    public static void init_data(string sql, ref System. Data. DataView dv)
    {
        string con_str="Data Source=. ;Initial Catalog=pubs;User ID=sa";
        SqlConnection con=new SqlConnection(con_str);
        SqlDataAdapter adp=new SqlDataAdapter(sql, con);
        System. Data. DataSet ds=new System. Data. DataSet();
        adp. Fill(ds);
        dv=ds. Tables[0]. DefaultView;
        con. Close();
    }

    //以下在指定的视图中模糊搜索
    public static void search_in_dv(string filter_str, System. Web. UI. Page p, ref
System. Data. DataView dv, System. Web. UI. WebControls. GridView gv)
    {
        dv. RowFilter=filter_str;
        gv. DataSource=dv;
        gv. DataBind();
        if (gv. Rows. Count==0)
            p. RegisterStartupScript("", "<script language=' javascript '>alert('未找
到相应信息');</script>");
    }
}
```

4) 应用实例

```
//先定义能跨模块使用的视图
private static System. Data. DataView dv;
//以下是页面加载时,生成视图
protected void Page_Load(object sender, EventArgs e)
{
    if (!this. IsPostBack)
    {
        if (dv==null) dv=new DataView();
        st. init_data("select au_id,au_fname,au_lname from authors", ref dv);
    }
}
//以下在视图中检索
```

```
protected void search_Button_Click(object sender，EventArgs e)
    {
        st. search_in_dv("au_id like '%" + TextBox1. Text + "%'"，this，ref dv,
GridView1)；
    }
```

该实例执行结果如图 5.7 所示。

图 5.7　模糊检索示例

5.3.1.4　基于 SqlDataReader 的检索设计

这种模型是将查询语句发送到后台，执行查询并生成内存流，由 SqlDataReader 型对象指向内存流，SqlDataReader 型对象可读取内存流数据并输出。

1) 设计思路

(1) 在编辑框中输入检索关键字。

(2) 将检索关键字嵌入查询语句并发送到后台执行，在应用程序服务器生成内存流并由 SqlDataReader 型对象。

(3) SqlDataReader 型对象读取内存流，若不能读取，则表示未能检索相关信息，否则将读取的信息输出。

2) 设计的逻辑结构

基于以上设计思路，该模型的逻辑结构描述如图 5.8 所示。

3) 设计类方法

(1) 模块设计及主要功能。实验表明，SqlDataReader 型对象无构造函数生成，另外，SqlDataReader 型对象每次读取数据是从后台数据库服务器读取的，所以 SqlDataReader 型对象在工作期间不能断开与数据库服务器的连接。基于这一点，最好在一个模块中完成。也可分成两个模块分步进行，分别设计如下：

① 生成 SqlDataReader 型对象模块(M1)。该模块可将指定查询传递到后台执行并在数据库服务器端生成内存流，生成 SqlDataReader 型对象，该对象可读取内存流。

② 读取并输出数据模块(M2)。SqlDataReader 型对象读取内存流，若不能读取，则告知

图 5.8　基于 SqlDataReader 的检索逻辑结构

用户未能检索相关信息,否则将读取的信息输出。

(2) 参数设计。

① M1 参数设计。

◆　需要指定一个嵌入了检索关键字的查询语句(string sql)。

◆　需要指定一个连接数据库服务器的连接对象(SqlConnection con)。

◆　根据前两个条件生成 SqlDataReader 型对象。

② M2 参数设计。

◆　SqlDataReader 型对象读取内存流。

◆　若不能读取,则告知用户未能检索相关信息,可用页面(Page P)对象调用 Java 脚本。

◆　否则将读取的信息输出到编辑框(TextBox[] tb)。

(3) 类方法实现。

```
using System. Data. SqlClient；
public class st
{
        public st()
        {        }
//针对 M1 的实现
public static SqlDataReader cre_reader(string sql，SqlConnection con)
        {
                if (con. State==ConnectionState. Closed)
                    con. Open()；
                SqlCommand com=new SqlCommand(sql，con)；
                SqlDataReader rd；
                rd=com. ExecuteReader()；
                return rd；
        }
//针对 M2 的实现
        public static void reader_out(SqlConnection con，SqlDataReader rd，System. Web.
UI. Page p，params System. Web. UI. WebControls. TextBox[] tb)
            {
```

```
if(rd. Read())
        for (int i=0; i<=tb. GetUpperBound(0); i++)
            tb[i]. Text=rd[i+1]. ToString();
    else
        p. RegisterStartupScript("", "<script language=' javascript '>alert('未找
到相应信息');</script>");
        rd. Close();
        con. Close();
    }
}
```

4）应用实例

以下在 pubs 数据库的 authors 表中根据输入的作者编号（au_id）检索一个作者，如检索到作者存在，则输出作者的 au_lname、au_fname。

```
using System. Data. SqlClient;
private static System. Data. SqlClient. SqlConnection con;
private static System. Data. SqlClient. SqlDataReader rd;
//以下页面加载时，初始化连接对象
    protected void Page_Load(object sender, EventArgs e)
    {
        if (!this. IsPostBack)
        {
            if (con==null) con=new SqlConnection("Data Source=. ;Initial Catalog=
pubs;User ID=sa");
        }
    }
//以下生成内存流读取对象并读取内存流输出
    protected void Button1_Click(object sender, EventArgs e)
    {
        rd=st. cre_reader("select au_id,au_fname,au_lname from authors where au_id
='" + TextBox1. Text + "'", con);
        st. reader_out(con, rd, this, TextBox2, TextBox3);
    }
```

特别注意：由于 rd 不能重复使用，所以 rd 的生成不放在页面加载模块，而必须在每次检索之前生成。

该实例执行结果如图 5.9 所示。

5）优化设计

由于 SqlDataReader 型对象在工作期间不能断开与数据库服务器的连接，所以生成 SqlDataReader 型对象模块与读取并输出数据模块可集成在一个模块中完成。

类方法可改进成以下形式。

图 5.9 基于 SqlDataReader 的检索的实例

```
using System. Data. SqlClient;
public class st
{
    public st()
        {              }
public static void reader_search(string sql, System. Web. UI. Page p, params System.
Web. UI. WebControls. TextBox[] tb)
        {
            string con_str="Data Source=. ;Initial Catalog=pubs;User ID=sa";
            SqlConnection con=new SqlConnection(con_str);
            con. Open();
            SqlDataReader rd;
            SqlCommand com=new SqlCommand(sql, con);
            rd=com. ExecuteReader();
            if (rd. Read())
                for (int i=0; i <=tb. GetUpperBound(0); i++)
                    tb[i]. Text=rd[i]. ToString();
            else
                p. RegisterStartupScript("", "<script language=' javascript '>alert('未找到
相应信息');</script>");
            con. Close();
        }
}
```

以下是改进后的方法调用示例。

```
protected void Button1_Click(object sender, EventArgs e)
        {
            st. reader_search("select au_id,au_fname,au_lname from authors where au_id
```

='" + TextBox1. Text + "'", this，TextBox2，TextBox3）；

　　}

5.3.2　基于 XML 的检索设计

5.3.2.1　基于数据库集或视图的检索设计

将 XML 文档读取到内存表是一件很容易的事情,如数据集（DataSet）对象的 ReadXML 方法就具有这样的功能,XML 数据一旦变成内存表后,就可以在内存表对 XML 数据进行检索,也可将内存表转换成视图进行检索。这两种办法在前面已经介绍过,不再重复。

5.3.2.2　基于 DOM 的检索设计

1）设计思路

基于 DOM 模型的 XML 检索设计的基本思路如下：

（1）创建 XML 文档（XMLDocument）对象。

（2）利用文档对象装载 XML 文档到内存生成文档树。

（3）在文档对象树中根据指定检索关键字搜索一个特定节点（XMLNode）。

（4）若能搜索到,则输出节点信息到编辑框,否则告知用户未搜索相关信息。

2）设计的逻辑结构

以上设计思路的逻辑模型描述如图 5.10 所示。

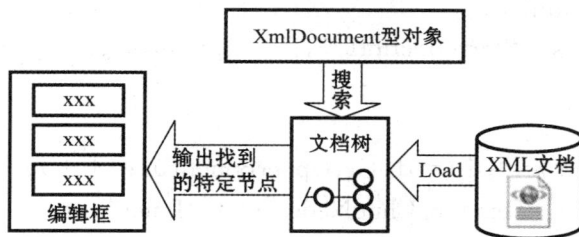

图 5.10　基于 DOM 的检索设计逻辑模型

3）设计类方法

（1）模块设计及主要功能。从逻辑模型可知,可分成两个模块进行设计：

①　装载 XML 文档模块（M1）。在页面加载时进行,由于 XmlDocumentr 型对象既要完成 XML 文档的装载,又要完成搜索功能,该对象应跨模块使用；初始化 XmlDocumentr 型对象后再把 XML 文档装载到内存生成文档树。

②　检索并输出节点模块（M2）。由 XmlDocumentr 型对象根据给定的检索关键字在文档树中进行搜索,若能搜索到则输出节点信息,否则告知用户未搜索相关信息。

（2）参数设计。

①　M1 参数设计。

◆　需要指定一个 XmlDocumentr 型对象。

◆　需要指定一个 XML 文档,可用字符串来标识。

②　M2 参数设计。

◆　需要给定检索关键字（string key）。

◆　需要指定一个 XmlDocumentr 型对象,用于搜索。

◆　若不能读取,则告知用户未能检索相关信息,可用页面(Page P)对象调用 Java 脚本。

◆　否则将读取的信息输出到编辑框(TextBox[] tb)。

(3) 类方法实现。

```
public class st
{
    public st()
    {  }
// 以下针对 M1 实现
    public static void load_xml(System. Xml. XmlDocument xdoc, string xml_file)
    {   xdoc. Load(xml_file);  }


// 以下针对 M2 实现
    public static void search_and_out(string key, System. Xml. XmlDocument xdoc,
System. Web. UI. Page p, params System. Web. UI. WebControls. TextBox[] tb)
    {
        System. Xml. XmlNode n;
        n＝xdoc. SelectSingleNode(key);
        if (n＝＝null)
            p. RegisterStartupScript("", "〈script language=' javascript '〉alert('未找到
相应信息');〈/script〉");
        else
            for (int i＝0; i〈＝tb. GetUpperBound(0); i＋＋)
                tb[i]. Text＝n. ChildNodes[i＋1]. InnerText;
    }
}
```

4) 应用实例

先准备如下 XML 文档。

```
〈?xml version＝"1. 0" encoding＝"utf－8" ?〉
〈ss〉
  〈stud〉
    〈s_no〉001〈/s_no〉
    〈s_name〉刘一〈/s_name〉
    〈s_sex〉男〈/s_sex〉
  〈/stud〉
  〈stud〉
    〈s_no〉002〈/s_no〉
    〈s_name〉刘二〈/s_name〉
    〈s_sex〉男〈/s_sex〉
  〈/stud〉
```

```
〈stud〉
    〈s_no〉003〈/s_no〉
    〈s_name〉刘三〈/s_name〉
    〈s_sex〉女〈/s_sex〉
  〈/stud〉
〈/ss〉
```

下面调用类方法实现对以上 XML 文档的检索。

```
private static System. Xml. XmlDocument xdoc；
//页面加载时初始化 xdoc。
protected void Page_Load(object sender，EventArgs e)
    {
        if（!this. IsPostBack)
            if（xdoc==null) xdoc=new System. Xml. XmlDocument()；
    }


//以下装载 XML 文档并检索。
    protected void search_Button_Click(object sender，EventArgs e)
    {
        st. load_xml(xdoc，Request. PhysicalApplicationPath ＋ "student. xml")；
        st. search_and_out("descendant：：stud[s_no＝'"＋TextBox1. Text＋"']"，
xdoc，this，TextBox2，TextBox3)；
    }
```

特别注意：考虑 XML 文档在每次检索之前，有可能被其他用户更新，所以在每次检索之前需重新加载，另外，应注意到"descendant：：stud[s_no＝'"＋TextBox1. Text＋"']"是嵌入检索关键字的一个表达式。

本应用实例的结果如图 5.11 所示。

图 5.11　基于 DOM 的检索应用实例

习题

(1) 在后台数据库创建名为"testdb"的数据库,在该数据库中依照关系模式"员工(员工编号,姓名,性别)"创建数据表。然后完成以下设计。

① 将"员工"数据在应用程序服务端生成视图,以"员工编号"作为检索关键字,在视图中检索一个员工并将检索到的员工信息输出到编辑框。

② 以"员工编号"作为检索关键字嵌入到查询语句中并在数据库后台生成内存流,最后输出内存流信息到编辑框。

③ 设计其他方法实现对"员工"信息的检索。

(2) 编制如下结构的 XML 文档,元素的具体值请自行添加。使用 DOM 技术设计 ASP. NET 应用程序实现对学生信息的检索,设计界面如图 5.11 所示。

〈学生信息〉
　〈学生〉
　　〈学生编号〉〈/学生编号〉
　　〈学生姓名〉〈/学生姓名〉
　　〈性别〉〈/性别〉
　〈/学生〉
〈/学生信息〉

6 数据插入设计

本章要点

◆ 数据插入设计的基本概念
◆ 数据插入设计的界面设计
◆ 数据插入设计的设计方案及实现

6.1 什么是数据插入设计

在信息系统使用中,具有数据插入权限的用户或管理员经常要对新数据进行插入操作。一般来说,插入数据就是在实体集合中插入新的实体,从数据库的角度来看,就是在数据表中插入记录;从 XML 角度来看,就是插入 XML 结点;从本质上看,插入一个 XML 结点仍然是插入一个信息实体。

6.2 数据插入的界面设计

数据插入设计一般先在输入界面上输入一系列数据,在输入界面上输入的这一系列数据其实就是实体的属性,由于实体属性具有不同的数据类型,为了避免逻辑层对输入数据格式的过多判断,在表示层应尽可能对输入数据的格式进行约束。在进行数据插入界面设计时就注意以下几点:

(1)尽可能在表示层对数据格式进行约束。
(2)保证关键字的唯一性,一般在提交数据时就对输入的关键字进行唯一性验证。
(3)对有特殊格式要求的字段,在输入前应给用户充分提示。
(4)避免同一实体多次提交。
(5)保证良好的连续插入逻辑。

6.3 数据插入设计

6.3.1 基于数据库的插入设计

6.3.1.1 基于数据集的插入设计方案(一)

1)设计思路
(1)提取关系表的数据并储存到数据集所指向的内存表。
(2)在内存表中追加一条记录。

（3）将已追加记录的内存表写回数据库表。

2）设计的逻辑结构

针对以上设计思路，其设计逻辑结构描述如图 6.1 所示。

图 6.1　基于数据集的插入设计方案（一）的逻辑结构

3）设计类方法

（1）模块设计及主要功能。

① 生成内存表模块。该模块可将指定查询传递给适配器，再由适配器填充某数据集指向的内存表。

② 在内存表中插入新记录。在已生成的内存表中插入一空行，将表示层输入的数据更新空行。

③ 刷新内存表到后台。将内存表写回数据库表。

（2）参数设计。

① 生成内存表模块参数。

◆　需要指定一查询语句（string sql）。

◆　填充内存表需要指定数据集对象（DataSet ds）。

② 在内存表中插入新记录。

◆　访问内存表需要指定数据集对象（DataSet ds）。

◆　输入新记录，需要指定编辑框数组（TextBox[] tb）。

③ 内存表写回数据库表。

◆　将数据集对象（DataSet ds）所指向的内存表刷新到后台。

◆　告知用户是否更新成功，要指定页面（Page）对象。

（3）类方法实现。

```
using System. Data. SqlClient;
public class st
{
    public st()
    {   }
    //生成内存表
    public static void create_m_table(string sql, System. Data. DataSet ds)
    {
        string c_str="Data Source=. ;Initial Catalog=pubs;User ID=sa;Password=
1010";
```

```
        SqlConnection con=new SqlConnection(c_str);
        con. Open();
        SqlDataAdapter adp=new SqlDataAdapter(sql, con);
        adp. Fill(ds，"t");
        con. Close();
    }
//在内存表中插入一行
public static void insert_in_ds(System. Data. DataSet ds，params System. Web. UI.
WebControls. TextBox[] tb)
    {
        System. Data. DataRow r=ds. Tables["t"]. NewRow();
        for (int i=0; i〈=tb. GetUpperBound(0); i++)
            r[i]=tb[i]. Text;
        ds. Tables["t"]. Rows. Add(r);
    }
//内存表写回后台
public static void update_db(string sql，System. Data. DataSet ds，System. Web. UI.
Page p)
    {
        string c_str="Data Source=. ;Initial Catalog=pubs;User ID=sa;Password=
1010";
        SqlConnection con=new SqlConnection(c_str);
        con. Open();
        SqlDataAdapter adp=new SqlDataAdapter(sql, con);
        SqlCommandBuilder sb=new SqlCommandBuilder(adp);
        try
        {
            adp. Update(ds. Tables["t"]);
            p. ClientScript. RegisterStartupScript ( p. GetType ( )，""， "〈script
language='javascriupt'〉alert('插入成功');〈/script〉");
        }
        catch
        { p. ClientScript. RegisterStartupScript(p. GetType()，""，"〈script language=
' javascriupt '〉alert('插入失败');〈/script〉"); }
        con. Close();
    }
}
```

4）应用实例

（1）准备数据表。在 pubs 数据库中按如下方式创建表：

```
create table stud
(s_no char(3) primary key,s_name varchar(8),s_sex char(2))
```

（2）界面设计。按图 6.2 所示设计界面。

图 6.2　数据插入界面设计

（3）调用类方法。

```
private static System. Data. DataSet ds；
//页面加载时产生数据集
protected void Page_Load(object sender, EventArgs e)
{
    if (!this. IsPostBack)
    {
        if (ds==null)
            ds=new DataSet();
        st. create_m_table("select * from student", ds);
    }
}
//在内存表中插入一行
protected void Button1_Click(object sender, EventArgs e)
{
    st. insert_in_ds(ds, TextBox1, TextBox2, TextBox3);
}
//内存表写回后台
protected void Button2_Click(object sender, EventArgs e)
{
    st. update_db("select * from student", ds,this);
}
```

插入后的结果如图 6.3 所示。

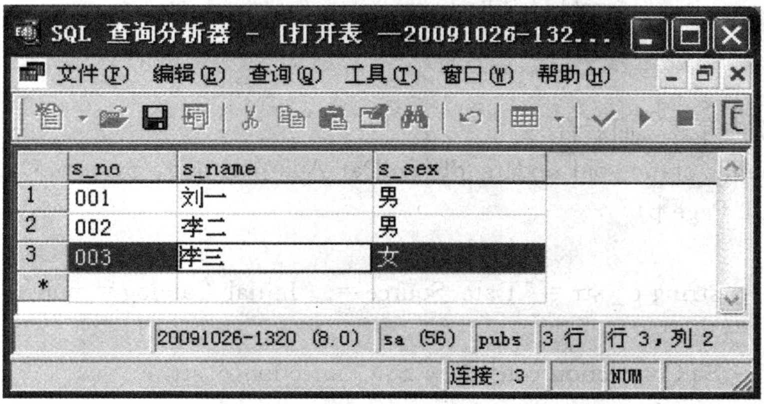

图 6.3 记录插入的结果

6.3.1.2 基于数据集的插入设计方案(二)

在方案(一)的类方法实现中,在生成内存表模块及内存表写回数据库模块中均用到了适配器,所以可在调用类方法的模块中事先生成一个适配器,然后作为参数传递给类方法,让生成内存表模块及内存表写回数据库模块共用一个适配器,基于这种考虑,类方法可做如下改进。

```
using System. Data. SqlClient;
public class st
{
    public st()
    {    }
    //生成内存表
    public static void create_m_table(System. Data. DataSet ds, SqlDataAdatpter adp)
    {
        string c_str = "Data Source=. ; Initial Catalog = pubs; User ID = sa; Password=1010";
        SqlConnection con=new SqlConnection(c_str);
        con. Open();
        adp. Fill(ds, "t");
        con. Close();
    }
    //在内存表中插入一行
    public static void insert_in_ds(System. Data. DataSet ds, params System. Web. UI. WebControls. TextBox[] tb)
    {
        System. Data. DataRow r=ds. Tables["t"]. NewRow();
        for (int i=0; i<=tb. GetUpperBound(0); i++)
```

```
        r[i]=tb[i]. Text;
            ds. Tables["t"]. Rows. Add(r);
    }
```

//内存表写回后台

```
public static void update_db(SqlDataAdatpter adp, System. Data. DataSet ds,
System. Web. UI. Page p)
        {
            string c _ str = "Data  Source =. ; Initial  Catalog = pubs; User  ID = sa;
Password=1010";
            SqlConnection con=new SqlConnection(c_str);
            con. Open();
        try
            {
                adp. Update(ds. Tables["t"]);
                p. ClientScript. RegisterStartupScript (p. GetType (), "", "〈script
language=' javascriupt '〉alert('插入成功');〈/script〉");
            }
            catch
            { p. ClientScript. RegisterStartupScript (p. GetType (), "", "〈script
language=' javascriupt '〉alert('插入失败');〈/script〉"); }
            con. Close();
        }
    }
```

如果用方案(二),则在调用类方法之前应做如下处理。

```
    using System. Data. SqlClient;
    public static SqlDataAdatpter adp;
    private static System. Data. DataSet ds;
```

//页面加载时产生数据集

```
    protected void Page_Load(object sender, EventArgs e)
    {
        if (!this. IsPostBack)
        {
            if (ds==null)
                ds=new DataSet();
        if(adp==null)
        {
        string c_str="Data Source=. ;Initial Catalog=pubs;User ID=sa;Password=
1010";
            SqlConnection con=new SqlConnection(c_str);
```

```
con. Open();
SqlDataAdapter adp＝new SqlDataAdapter("select * from student",
con);
adp. Fill(ds, "t");
con. Close();
}  }}
```

6.3.1.3 基于数据集的插入设计方案(三)

设计方案(一)、方案(二)有一个很明显缺陷,每次在进行数据插入时,都必须从后台填充数据到应用服务器的内存表,这无疑增加了内存开销,这对大型数据库表来说是不现实的。为了解决这一问题,则可采取另一种设计方案。

1)设计思路

(1)通过只储存元素结构的 XML 文档在数据集所指向的内存表中产生空记录。

(2)在内存表中更新空记录。

(3)将已更新记录的内存表写回数据库表。

2)设计的逻辑结构

针对以上设计思路,其设计逻辑结构描述如图 6.4 所示。

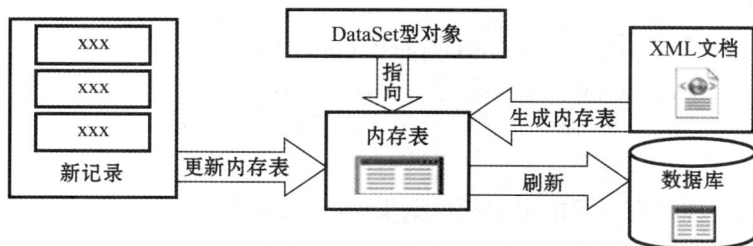

图 6.4 基于数据集的插入设计方案(三)的逻辑结构

3)设计类方法

(1)模块设计及主要功能。

① 生成内存表模块。该模块可通过不储存实际数据的 XML 文档产生某数据集指向的内存表,让内在表中只有一条空记录。

② 更新内存表中空记录。将用户输入的数据更新到空记录中。

③ 刷新内存表到后台。将内存表写回数据库表。

(2)参数设计。

① 生成内存表模块参数。

◆ 需要指定一查询语句(string sql)。

◆ 填充内存表需要指定数据集对象(DataSet ds)。

② 在内存表中插入新记录。

◆ 访问内存表需要指定数据集对象(DataSet ds)。

◆ 输入新记录,需要指定编辑框数组(TextBox[] tb)。

③ 内存表写回数据库表。

◆ 将数据集对象(DataSet ds)所指向的内存表刷新到后台。

◆　告知用户是否更新成功,要指定页面(Page)对象。

(3) 类方法实现。

```
using System. Data. SqlClient;
public class st
{
    public st()
    {    }
//用 XML 文档生成内存表
    public static void xml_to_empty_t(string xml_f, System. Data. DataSet ds)
    {
        ds. ReadXml(xml_f);
    }


    //在内存表中更新记录
    public static void update_t(System. Data. DataSet ds, params System. Web. UI.
WebControls. TextBox[] tb)
    {
        for (int i=0; i<=tb. GetUpperBound(0); i++)
            ds. Tables[0]. Rows[0][i]=tb[i]. Text;
    }


    //内存表写回后台(只限定刷新数据集中 Tables[0])
    public static void update_db_2(string sql, System. Data. DataSet ds, System. Web.
UI. Page p)
    {
        string c_str="Data Source=. ;Initial Catalog=pubs;User ID=sa;Password=
1010";
        SqlConnection con=new SqlConnection(c_str);
        con. Open();
        SqlDataAdapter adp=new SqlDataAdapter(sql, con);
        SqlCommandBuilder sb=new SqlCommandBuilder(adp);
        try
        {
            adp. Update(ds. Tables[0]);
            p. ClientScript. RegisterStartupScript (p. GetType (), "", "<script
language=' javascriupt '>alert('插入成功');</script>");
        }
        catch
        {    p. ClientScript. RegisterStartupScript (p. GetType (), "", "<script
```

language=' javascriupt '〉alert('插入失败');〈/script〉");}
      con. Close();
  }
}

4）应用实例

（1）准备数据表及空 XML 文档。在 pubs 数据库中按如下方式创建表：

```
create table stud
(s_no char(3) primary key,s_name varchar(8),s_sex char(2))
```

准备和空 XML 文档如下：

```
〈?xml version="1.0" encoding="utf-8" ?〉
〈students〉
  〈student〉
    〈s_no〉〈/s_no〉
    〈s_name〉〈/s_name〉
    〈s_sex〉〈/s_sex〉
  〈/student〉
〈/students〉
```

（2）界面设计。按图 6.5 所示设计界面。

图 6.5　数据插入界面设计

（3）调用类方法。

```
private static System. Data. DataSet ds;
//页面加载时产生数据集
protected void Page_Load(object sender, EventArgs e)
    {
        if（!this. IsPostBack）
        {
            if（ds==null）
                ds=new DataSet();
```

st. xml _ to _ empty _ t（Request. PhysicalApplicationPath ＋" student.

xml"，ds）；

　　　　　　　　}

　　　　}

　　// 在内存表中插入一行

　　protected void Button1_Click(object sender，EventArgs e)

　　　　{

　　　　　　st. update_t(ds，TextBox1，TextBox2，TextBox3);

　　　　}

　　// 内存表写回后台

　　protected void Button2_Click(object sender，EventArgs e)

　　　　{

　　　　　　st. update_db_2("select ＊ from student",ds，this);

　　　　}

插入后的结果如图 6.6 所示。

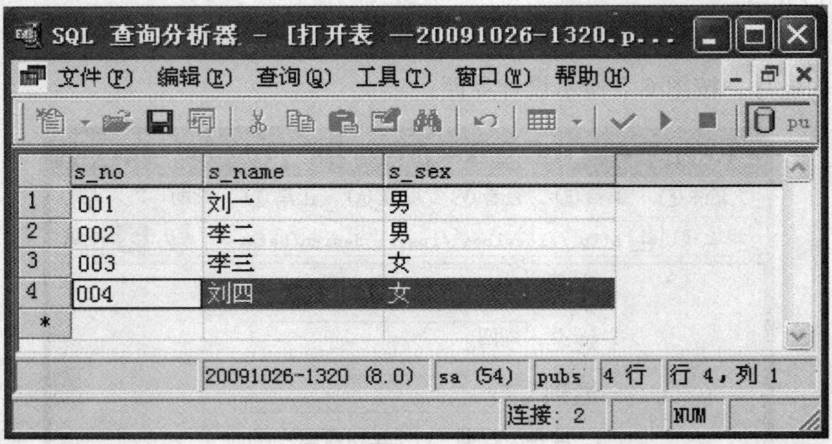

图 6.6　方案(二)记录插入的结果

6.3.1.4　基于直接传送插入语句的数据插入设计方案

　　所谓基于直接传送插入语句的数据插入设计方案，就是逻辑层根据从表示层传递过来的参数事先生成插入语句，然后由逻辑层再传递插入语句到数据层完成数据插入操作。这一设计方案的思路如下。

　　1）设计思路

　　(1) 在表示层输入要插入实体的各属性，逻辑层以实体属性作为参数结合关系表字段类型生成插入语句。

　　(2) 逻辑层传递插入语句到数据层完成数据插入操作。

　　2）设计的逻辑结构

　　针对以上设计思路，其设计逻辑结构描述如图 6.7 所示。

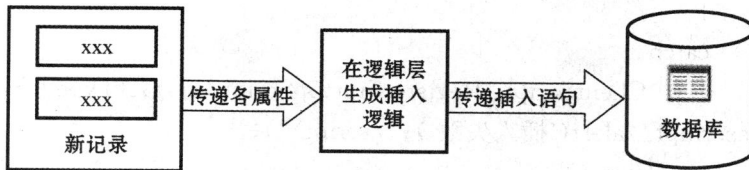

图 6.7 基于直接传送插入语句的数据插入设计方案的逻辑结构

3）设计类方法

（1）模块设计及主要功能。

① 生成插入逻辑。逻辑层以实体属性作为参数结合关系表字段类型生成插入语句。

② 数据插入。逻辑层传递插入语句到数据层完成数据插入操作。

（2）参数设计。

① 生成插入逻辑。

◆ 需要指定实体属性,可用编辑框数组（TextBox[]）描述。

◆ 指定要插入数据的关系表,用字符串（string）指定表名。

◆ 返回插入操作字符串（string）。

② 数据插入

◆ 传递插入语句（string）到后台数据库。

◆ 插入是否成功应告知用户,由页面（Page）对象调用 Java 脚本弹出对话框明示。

（3）类方法实现。

```
using System. Data. SqlClient;
//生成插入逻辑
Public static string create_insert_str(params System. web. ui. Webcontrols. Textbox
[] tb)
{
    //生成插入字符串的代码;
}
//数据插入
Public static void insert_op(string insert_str,System. web. UI. Page p)
{
string c_str = "Data Source=. ; Initial Catalog=pubs; User ID=sa; Password=
1010";
    SqlConnection con=new SqlConnection(c_str);
    con. Open();
    SqlCommand com=new SqlCommand(insert_str,con);
    try
    {
        Com. ExecuteNoneQery();
        p. ClientScript. RegisterStartupScript ( p. GetType ( ), "", " 〈script
language=' javascriupt '〉alert('插入成功');〈/script〉");
```

```
        }
        catch
        { p. ClientScript. RegisterStartupScript ( p. GetType ( )，""， " 〈 script
language=' javascriupt '〉alert('插入失败');〈/script〉"); }
        con. Close();
    }
```

6.3.2　基于 XML 的插入设计

6.3.2.1　基于数据集的 XML 插入设计

1) 设计思路

(1) 提取 XML 数据并储存到数据集所指向的内存表。

(2) 在内存表中追加一条记录。

(3) 将已追加记录的内存表写回 XML 文档。

2) 设计的逻辑结构

针对以上设计思路，其设计逻辑结构描述如图 6.8 所示。

图 6.8　基于数据集的插入设计方案(一)的逻辑结构

3) 设计类方法。

(1) 模块设计及主要功能。

① 生成内存表模块。该模块及数据集读取 XML 文档形成内存表。

② 在内存表中插入新记录。在已生成的内存表中插入一空行,将表示层输入的数据更新空行。

③ 更新 XML 文档。将内存表写回 XML 文档。

(2) 参数设计。

① 生成内存表模块参数。

◆　需要指定一 XML 文档(string XML_file)。

◆　填充内存表需要指定数据集对象(DataSet ds)。

② 在内存表中插入新记录。

◆　访问内存表需要指定数据集对象(DataSet ds)。

◆　输入新记录,需要指定编辑框数组(TextBox[] tb)。

③ 内存表写回 XML 文档

◆　将数据集对象(DataSet ds)所指向的内存表刷新到后台。

◆　需要指定一 XML 文档(string XML_file)。

◆　告知用户是否更新成功,要指定页面(Page)对象。

（3）类方法实现。

```
public class st
{
    public st()
    {    }
    //产生数据集
    public static void create_ds(string x_f, System.Data.DataSet ds)
    {    ds.ReadXml(x_f); }
    //在内存表中插入一行
    public static void insert_in_ds(System.Data.DataSet ds, params System.Web.
UI.WebControls.TextBox[] tb)
    {
        System.Data.DataRow r=ds.Tables[0].NewRow();
        for (int i=0; i<=tb.GetUpperBound(0); i++)
            r[i]=tb[i].Text;
        ds.Tables[0].Rows.Add(r);
    }
    //在 XML 文档中插入数据
    public static void insert_int_xml(string x_f, System.Data.DataSet ds,System.
Web.UI.Page p)
    {
        try
        {
            ds.WriteXml(x_f);
            p.ClientScript.RegisterStartupScript(p.GetType(), "", "
<script language=' javascriupt '>alert('插入成功');</script>");
        }
        catch
        { p.ClientScript.RegisterStartupScript(p.GetType(), "", "<script
language=' javascriupt '>alert('插入失败');</script>"); }    }    }
```

4) 应用实例

（1）准备 XML 文档。准备以下 XML 文档用于测试。

```
<?xml version="1.0" standalone="yes"?>
<ss>
  <student>
    <s_no>001</s_no>
    <s_name>刘一</s_name>
    <s_sex>男</s_sex>
  </student>
```

〈/ss〉

（2）界面设计。设计如图 6.9 所示的界面。

图 6.9　XML 插入实例

（3）调用类方法。

```
private static System. Data. DataSet ds;
//页面加载时产生数据集
protected void Page_Load(object sender, EventArgs e)
{
    if (!this. IsPostBack)
    {
        if (ds==null)
        {   ds=new DataSet();
            st. create _ ds (Request. PhysicalApplicationPath + " student.
xml", ds);
        } } }
//以下更新数据库并改写 XML 文档
protected void Button1_Click(object sender, EventArgs e)
{
    st. insert_in_ds(ds, TextBox1, TextBox2, TextBox3);
    st. insert_int_xml(Request. PhysicalApplicationPath + " student. xml",
ds,this);
}
```

调用类方法后,重新生成的 XML 文档如下：

```
〈?xml version="1.0" standalone="yes"?〉
〈ss〉
  〈student〉
    〈s_no〉001〈/s_no〉
    〈s_name〉刘一〈/s_name〉
    〈s_sex〉男〈/s_sex〉
  〈/student〉
```

〈student〉

　　〈s_no〉002〈/s_no〉

　　〈s_name〉刘二〈/s_name〉

　　〈s_sex〉男〈/s_sex〉

〈/student〉

〈/ss〉

6.3.2.2　基于 DOM 的 XML 插入设计

1）设计思路

（1）将 XML 数据装载到内存生成结点树，假定由 top 指针指向根元素（XML 文档的根元素）。

（2）将要插入的信息生成一个新结点树。

（3）将新结点树添加为 top 的子树。

（4）重写 XML 文档。

2）设计的逻辑结构

针对以上设计思路，其设计逻辑结构描述如图 6.10 所示。

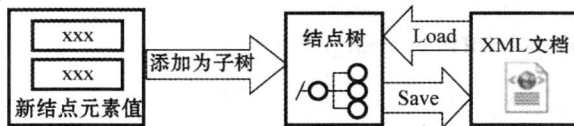

图 6.10　基于 DOM 的 XML 插入设计方案的逻辑结构

3）设计类方法

由于装载 XML 文档、定位根结点、产生新结点及改定 XML 文档均要用到文档对象（XMLDocument），所以可集成在一个模块中完成。

（1）模块设计及主要功能。

在文档树中添加新结点模块。

◆　文档对象装载 XML 文档。

◆　定位根元素。

◆　利用新结点元素值生成新结点树。

◆　将新结点树添加为根元素的子树。

（2）参数设计。

在文档树中添加新结点模块参数。

◆　需要指定一 XML 文档（string XML_file）。

◆　定位根元素需指明根元素名称（string root_name）。

◆　利用新结点元素值生成新结点树，应指明新结点树的根元素的名称（string new_root _name）。

◆　应指明新结点树中所有子结点的结点名（string[] node_name）。

◆　应指明子结点各元素的值（string[] e_value）。

◆　告知用户是否插入成功需页面（System. Web. UI. Page）对象。

（3）类方法实现。

　　// 基于 DOM 的插入

```
public static void insert_XML_in_dom(string xml_f, string root_name, string new_
root_name, string[] e_value, string[] node_name, System.Web.UI.Page p)
{
        System.Xml.XmlDocument xdoc=new System.Xml.XmlDocument();
        xdoc.Load(xml_f);
        System.Xml.XmlNode top=xdoc.SelectSingleNode("//"+root_name);
        System.Xml.XmlNode new_root=xdoc.CreateElement(new_root_name);
        int ub=e_value.GetUpperBound(0);
        System.Xml.XmlNode[] n=new System.Xml.XmlNode[ub + 1];
        for (int i=0; i <=ub; i++)
        {
            n[i]=xdoc.CreateElement(ode_name[i]);
            n[i].InnerText=e_value[i];
            new_root_name.AppendChild(n[i]);
        }
        top.AppendChild(new_root_name);
        try
        {
            xdoc.Save(xml_f);
            p.ClientScript.RegisterStartupScript(p.GetType(), "", "<script language=
'javascriupt'>alert('插入成功');</script>");
        }
        catch
        { p.ClientScript.RegisterStartupScript(p.GetType(), "", "<script language=
'javascriupt'>alert('插入失败');</script>"); }
    }
```

4) 应用实例

(1) 界面设计。在调用类方法之前,设计如图 6.11 所示的界面。

图 6.11　基于 DOM 的插入界面设计

（2）调用类方法。用于插入操作的 XML 文档（见前面的实例）。

```
protected void Button1_Click(object sender, EventArgs e)
    {
        string[] s={TextBox1. Text,TextBox2. Text,TextBox3. Text};
        string[] e_name={"s_no","s_name","s_sex"};
        st. insert_XML_in_dom(Request. PhysicalApplicationPath + "student.
xml", "ss", "student", s, e_name);
    }
```

执行插入操作后的 XML 文档如下：

```
〈?xml version="1. 0" standalone="yes"?〉
〈ss〉
  〈student〉
    〈s_no〉001〈/s_no〉
    〈s_name〉刘一〈/s_name〉
    〈s_sex〉男〈/s_sex〉
  〈/student〉
  〈student〉
    〈s_no〉002〈/s_no〉
    〈s_name〉刘二〈/s_name〉
    〈s_sex〉男〈/s_sex〉
  〈/student〉
  〈student〉
    〈s_no〉003〈/s_no〉
    〈s_name〉刘三〈/s_name〉
    〈s_sex〉男〈/s_sex〉
  〈/student〉
〈/ss〉
```

习题

（1）什么是数据插入设计？

（2）基于数据库的插入设计有哪些方案？各种设计方案的优缺点是什么？设计一种方案比较本章中所提到的三种方案的代码执行性能。

（3）基于 XML 的插入设计有哪些方案？各种设计方案的优缺点是什么？设计一种方案比较本章中所提到的两种方案的代码执行性能。

7　数据更新设计

本章要点

◆　数据更新设计的基本概念
◆　数据更新设计的界面设计
◆　数据更新设计的设计方案及实现

7.1　什么是数据更新设计

在信息系统使用中,具有数据更新权限的用户或管理员经常要对不符合管理要求的数据进行更新操作,一般来说,更新数据就是针对实体集合中的一个实体或若干实体局部属性的值进行修改,从数据库的角度来看,就是在数据表对字段的值进行修改,从 XML 角度来看,就是对 XML 结点值或属性值进行修改,从本质上看,更新一个 XML 结点仍然是更新一个信息实体。

7.2　数据更新的界面设计

数据更新的设计一般在数据检索设计的基础上进行,一般先根据检索关键字检索即将要进行更新操作的信息实体,然后再进行更新处理。所以,更新设计的相当一部分界面仍然是检索设计界面。另外,如果更新操作所针对的实体数量不是很大,也可在浏览界面的基础上设计更新操作界面。

7.3　数据更新设计

7.3.1　基于数据库的更新设计

7.3.1.1　基于数据集的更新设计方案(一)

1) 设计思路
(1) 提取关系表的数据并储存到数据集所指向的内存表。
(2) 在内存表中定位一条要进行更新操作的记录。
(3) 在内存表更新已定位好的记录。
(4) 将整个内存表覆盖数据库表。
2) 设计的逻辑结构
针对以上设计思路,其设计逻辑结构描述如图 7.1 所示。

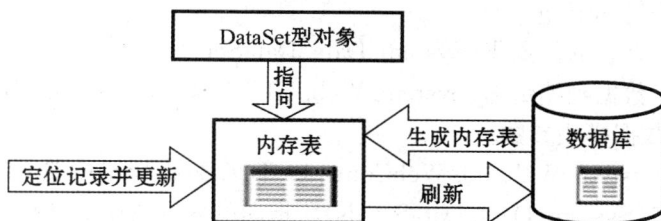

图 7.1　基于数据集的更新设计方案(一)的逻辑结构

3）设计方案的缺陷

以上设计方案由于每次在记录更新前都要把关系表中全部记录备份到内存表中,这无疑耗费了较多的内存资源。

7.3.1.2　基于数据集的更新设计方案(二)

为了解决设计(一)的缺陷,可从关系表只提取要进行更新的记录填充到内存表中,由于在内存表中只备份了要更新的记录,这时在内存表不再需要定位记录,直接进行更新即可。

1）设计思路

（1）提取关系表需要更新的记录并储存到数据集所指向的内存表。

（2）在内存表更新记录。

（3）将内存表中记录刷新到后台数据库表。

2）设计的逻辑结构

针对以上设计思路,其设计逻辑结构描述如图 7.2 所示。

图 7.2　基于数据集的更新设计方案(二)的逻辑结构

3）设计类方法

（1）模块设计及主要功能。

① 查询结果生成内存表并输出模块。

◆　以检索关键字作为查询条件产生查询结果。

◆　查询结果填充到内存表。

◆　输出内存表数据到表示层。

② 更新内存表数据模块。

◆　表示输入新数据。

◆　更新内存表中的数据。

③ 内存表写回后台数据库模块。将内存表中记录刷新到后台数据库表。

（2）参数设计。

① 查询结果生成内存表并输出模块参数。

◆ 指明查询语句(string sql)。

◆ 指明指向内存表的数据集(System. Data. DataSet ds)。

◆ 输出内存表数据到编辑框(System. Web. UI. WebControls. TextBox[] tb)。

② 更新内存表数据模块参数。

◆ 在编辑框(System. Web. UI. WebControls. TextBox[] tb)中输入新数据。

◆ 更新数据集(System. Data. DataSet ds)所指向的内存表中的数据。

③ 内存表写回后台数据库模块参数。

◆ 指明查询语句(string sql),该语句与适配器关联。

◆ 指明指向内存表的数据集(System. Data. DataSet ds)。

◆ 页面(Page)对象告知用户是否更新成功。

(3) 类方法实现。

```
using System. Data. SqlClient;
public class st
{
    public st()
    {    }
    //将查询到的记录通过内存表输出到编辑框
    public static void ds_output(string sql, System. Data. DataSet ds, params System.
Web. UI. WebControls. TextBox[] tb)
    {
        string c_str="Data Source=. ;Initial Catalog=pubs;User ID=sa;Password=
1010";
        SqlConnection con=new SqlConnection(c_str);
        con. Open();
        SqlDataAdapter adp=new SqlDataAdapter(sql, con);
        ds. Tables. Clear();
        adp. Fill(ds);
        if(ds. Tables[0]. Rows. Count>0)
        for (int i=0; i <=tb. GetUpperBound(0); i++)
            tb[i]. Text=ds. Tables[0]. Rows[0][i]. ToString();
        con. Close();
    }
    //在内存表更新数据
    public static void update_in_ds(System. Data. DataSet ds, params System. Web. UI.
WebControls. TextBox[] tb)
    {
        for (int i=0; i <=tb. GetUpperBound(0); i++)
            ds. Tables[0]. Rows[0][i]=tb[i]. Text ;
    }
```

```
//内存表写回后台数据库
public static void update_db(string sql, System.Data.DataSet ds, System.Web.
UI.Page p)
    {
        string c_str="Data Source=.;Initial Catalog=pubs;User ID=sa;Password=
1010";
        SqlConnection con=new SqlConnection(c_str);
        con.Open();
        SqlDataAdapter adp=new SqlDataAdapter(sql, con);
        SqlCommandBuilder sb=new SqlCommandBuilder(adp);
        try
        {
            adp.Update(ds.Tables[0]);
            p.ClientScript.RegisterStartupScript(p.GetType(), "", "〈script language=
'javascriupt'〉alert('更新成功');〈/script〉");
        }
        catch
        {       p.ClientScript.RegisterStartupScript(p.GetType(), "", "〈script
language='javascriupt'〉alert('更新失败');〈/script〉"); }
        con.Close();
    }
}
```

4）应用实例

（1）准备后台数据表。在后台 pubs 数据库中准备 student 表，如图 7.3 所示。

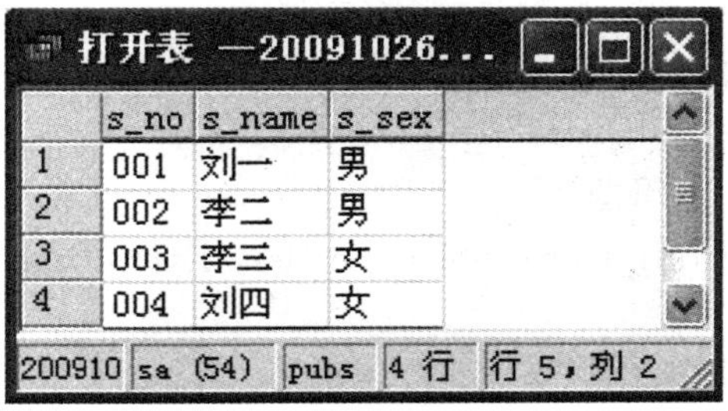
打开表 —20091026...

	s_no	s_name	s_sex
1	001	刘一	男
2	002	李二	男
3	003	李三	女
4	004	刘四	女

200910　sa (54)　pubs　4 行　行 5，列 2

图 7.3　后台 student 表

（2）界面设计。应用程序界面设计，如图 7.4、图 7.5 所示。先按图 7.4 所示进行查询，再按图 7.5 进行更新。

（3）调用类方法。

```
private static System.Data.DataSet ds;
//页面加载时生成数据集
    protected void Page_Load(object sender, EventArgs e)
```

图 7.4　在 student 表查询

图 7.5　将查询后的数据更新

```
    {
        if（!this. IsPostBack)
            if（ds==null）ds=new DataSet（）;}
//按条件查询并输出到编辑框
    protected void Button1_Click(object sender，EventArgs e)
    {
        st. ds_output("select * from student where s_no='" + TextBox1. Text +
"'"，ds，TextBox2，TextBox3，TextBox4）;
    }
//更新内存表数据并写加回到数据库表
    protected void Button2_Click(object sender，EventArgs e)
    {
        st. update_in_ds(ds，TextBox2，TextBox3，TextBox4）;
        st. update_db("select * from student where s_no='" + TextBox1. Text +
"'"，ds，this）;
```

　　}
点击"更新"按钮后再打开后台数据库表,如图 7.6 所示。

图 7.6　更新后的数据表

7.3.1.3　基于直接传送更新语句的数据更新设计方案

　　所谓基于直接传送更新语句的数据更新设计方案,就是逻辑层根据从表示层传递过来的参数事先生成更新语句,然后由逻辑层再传递更新语句到数据层完成数据更新操作。这一设计方案的思路如下。

　　1) 设计思路

　　(1) 在表示层输入要更新实体的各属性的新值,逻辑层以实体属性值作为参数结合关系表字段类型生成更新语句。

　　(2) 逻辑层传递更新语句到数据层完成数据更新操作。

　　2) 设计的逻辑结构

　　针对以上设计思路,其设计逻辑结构描述如图 7.7 所示。

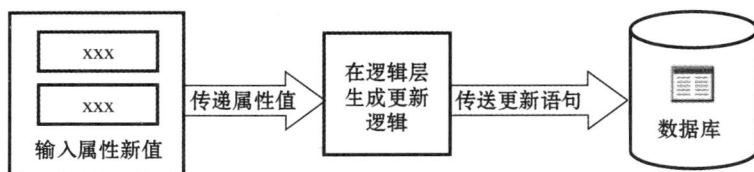

图 7.7　基于直接传送更新语句的数据更新设计方案的逻辑结构

　　3) 设计类方法

　　(1) 模块设计及主要功能

　　① 生成更新逻辑模块。逻辑层以实体属性作为参数结合关系表字段类型生成更新语句。

　　② 数据更新模块。逻辑层传递更新语句到数据层完成数据更新操作。

　　(2) 参数设计。

　　① 生成更新逻辑模块参数。

　◆　需要指定实体属性,可用编辑框数组(TextBox[])描述。

　◆　指定要更新数据的关系表,用字符串(string)指定表名。

　◆　返回更新操作字符串(string)。

　　② 数据更新模块参数。

　◆　传递更新语句(string)到后台数据库。

　◆　更新是否成功应告知用户,由页面(Page)对象调用 Java 脚本弹出对话框明示。

（3）类方法实现。

```
using System. Data. SqlClient;
//生成更新逻辑
Public static string create_update_str(params System. web. ui. Webcontrols. Textbox[] tb)
{
    //生成更新字符串的代码;
}
//数据更新
Public static void insert_op(string update_str,System. web. UI. Page p)
{
string c_str="Data Source=. ; Initial Catalog=pubs; User ID=sa; Password=1010";
    SqlConnection con=new SqlConnection(c_str);
    con. Open();
    SqlCommand com=new SqlCommand(update_str,con);
    try
    {
        Com. ExecuteNoneQery();
        p. ClientScript. RegisterStartupScript(p. GetType(), "", "<script language=' javascriupt '>alert('更新成功');</script>");
    }
    catch
    { p. ClientScript. RegisterStartupScript(p. GetType(), "", "<script language=' javascriupt '>alert('更新失败');</script>"); }
    con. Close();
}
```

7.3.1.4 基于网格的更新设计方案

由于某些数据表是轻量级的,所以可以直接输出到网格(GridVie)供用户浏览,在记录较少的情况下,用户可在浏览的过程中进行更新设计。如图 7.8 所示,管理员在浏览用户信息时可进行用户信息维护就是这种情况。

		用户名	密码	用户类型名
更新 取消		admin	888888	管理员
编辑	删除	rsgl	999999	应聘人员

图 7.8 在浏览过程进行更新实例

1）设计思路

（1）提取关系表中所有记录并储存到数据集所指向的内存表。

（2）输出内存表中数据到网格。

（3）在网格中设置编辑功能，可编辑浏览的记录。

（4）更新编辑后的数据到后台。

2）设计的逻辑结构

针对以上设计思路，其设计逻辑结构描述如图 7.9 所示。

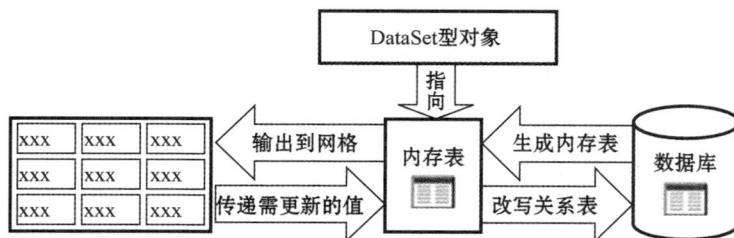

图 7.9　基于网格的更新设计方案的逻辑结构

3）设计类方法

模块设计及主要功能：

① 输出关系表数据到网格模块。

◆　提取数据表数据存储到内存表中。

◆　内存表数据输出到网格。

② 设置网格成编辑状态模块。将网格中某一行数据设成编辑状态。

③ 取消编辑状态模块。将网格中已设成编辑状态某一行变成非编辑状态。

④ 完成编辑并向后台发送更新语句模块。

◆　完成数据编辑。

◆　生成更新逻辑。

◆　向后台发送更新语句并完成更新操作。

4）应用实例

（1）界面设计。界面设计如图 5.8 所示。

（2）准备测试表。在后台 HRAS 数据库中准备如图 7.10 所示的数据表。

图 7.10　用户表

（3）设计类方法。

　　∥以下定义查询结果输出到网格

```
        public static void sql_out_grid(string sql, System. Web. UI. WebControls.
GridView dg)
        {
            string c_str=System. Configuration. ConfigurationManager. ConnectionStrings
["con_HRAS"]. ToString();
            SqlConnection con=new SqlConnection(c_str);
            con. Open();
            SqlDataAdapter adp=new SqlDataAdapter(sql, con);
            DataSet ds=new DataSet();
            adp. Fill(ds, "t");
            dg. DataSource=ds. Tables["t"];
            dg. DataBind();
            con. Close();
        }
    //用户网格设置成编辑状态
    public static void set_user_edit(System. Web. UI. WebControls. GridView gv,int r)
    {
        gv. EditIndex=r;
        g_d. sql_out_grid("select * from 用户", gv); }
    //取消用户网格编辑状态
    public static void cancel_user_edit(System. Web. UI. WebControls. GridView gv)
    {
        gv. EditIndex=-1;
        g_d. sql_out_grid("select * from 用户", gv);
    }
    //在网格中更新一个用户
    public static void upd_user(string old_u_name, string new_u_name, string new_
psw, string new_u_type, System. Web. UI. WebControls. GridView gv, System. Web. UI.
Page pag)
        {
            string op_str="update 用户 set 用户名='" + new_u_name + "',密码='"
+ new_psw + "',用户类型名='" + new_u_type + "' where 用户名='" + old_u_name +
"'";
            try
            {
                g_d. op_rec(op_str);
                pag. ClientScript. RegisterStartupScript(pag. GetType(), "", "<script
language=' javascript '>alert('成功更新用户。');</script>");
            }
```

```
catch
    { pag. ClientScript. RegisterStartupScript ( pag. GetType ( ), "", "〈script
language=' javascript '〉alert('更新用户失败。');〈/script〉"); }
        cancel_user_edit(gv);
}
```

（4）调用类方法。

```
//以下先输出数据表数据到网格
protected void user_inf_maint_Button_Click(object sender, EventArgs e)
    {
        string sql="select * from 用户";
        data. sql_out_grid(sql, gv);
    }
//以下设置当前行为编辑状态
protected void user_GridView_RowEditing(object sender, GridViewEditEventArgs e)
    {
        ViewState["old_u_name"]= user_GridView. Rows[e. NewEditIndex].
Cells[2]. Text;
        data. set_user_edit(user_GridView, e. NewEditIndex);
    }

//以下取消当前行的编辑状态
    protected void user_GridView_RowCancelingEdit(object sender, GridViewCancel
EditEventArgs e)
    {
        data. cancel_user_edit(user_GridView);
    }

    //以下完成更新操作
    protected void user_GridView_RowUpdating(object sender, GridViewUpdateEvent
Args e)
    {
        int r=e. RowIndex;
        string old_u_name=(String) ViewState["old_u_name"];
        string new_u_name = ((System. Web. UI. WebControls. TextBox) user_
GridView. Rows[r]. Cells[2]. Controls[0]). Text;
        string new_psw = ((System. Web. UI. WebControls. TextBox) user_
GridView. Rows[r]. Cells[3]. Controls[0]). Text;
        string new_u_type = ((System. Web. UI. WebControls. TextBox) user_
GridView. Rows[r]. Cells[4]. Controls[0]). Text;
```

data. upd_user(old_u_name, new_u_name, new_psw, new_u_type, user_GridView,this);
        }

7.3.2   基于 XML 的更新设计

7.3.2.1   基于数据集的 XML 更新设计方案

1) 设计思路

(1) 由数据集读取 XML 文档并生成内存表。

(2) 在内存表中定位一条要进行更新操作的记录。

(3) 在内存表更新已定位好的记录。

(4) 将整个内存表重写 XML 文档。

2) 设计的逻辑结构

针对以上设计思路,其设计逻辑结构描述如图 7.11 所示。

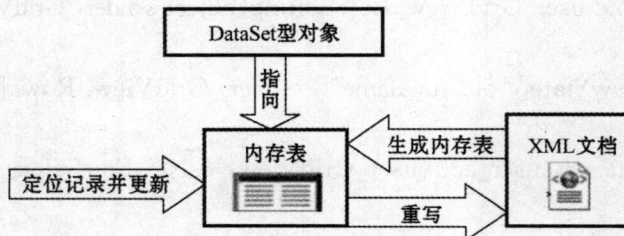

图 7.11   基于数据集的更新设计方案一的逻辑结构

3) 设计类方法

(1) 模块设计及主要功能。

① 生成内存表并定位需更新的记录模块。

◆   读取 XML 文档生成内存表。

◆   在内存表中定位好要更新的记录。

② 输出找到的一行模块。输出在内存中定位的一行。

③ 更新内存表数据模块。

◆   在表示输入新数据。

◆   更新内存表中的数据。

④ 内存表写回后台数据库模块。将内存表重写 XML 文档。

(2) 参数设计。

① 生成内存表并定位需更新的记录模块参数。

◆   读取 XML 文档(string xml_file)生成数据集(DataSet)指向的内存表。

◆   在内存表中定位好要更新的记录,应根据关键字(string key)查找并返回记录号(int r_no)。

② 输出找到的一行模块参数。

◆   指定数据集()。

◆   指定要输出的行号(int r_no)。

◆ 用编辑框(TexBox[])显示数据。

③ 更新内存表数据模块参数。

◆ 在表示层输入新数据,可由编辑框(TexBox[])完成。

◆ 更新数据集(DataSet)指向的内存表中的数据。

◆ 指定要更新的行号(int r_no)。

④ 内存表写回后台数据库模块参数。将数据集(DataSet)指向的内存表重写 XML 文档(string xml_file)。

(3) 类方法实现。

```
public class st
{
    public st()
    {   }
//生成内存表并定位需更新的记录模块参数
    public static int crate_ds_and_locate(string xml_file, System. Data. DataSet ds, string key, params System. Web. UI. WebControls. TextBox[] tb)
    {
        ds. ReadXml(xml_file);
        int r_no=-1;
        //假定查找的值在第 0 列
        for (int i=0; i <=ds. Tables[0]. Rows. Count - 1; i++)
        {
            if (ds. Tables[0]. Rows[i][0]. ToString()==key)
            {
                r_no=i;
                break;
            }
        }
        if (r_no==ds. Tables[0]. Rows. Count) r_no=-1;
        return r_no;
    }
//输出查找到的一行
    public static void out_row(System. Data. DataSet ds, int r, params System. Web. UI. WebControls. TextBox[] tb)
    {
        for (int i=0; i <=tb. GetUpperBound(0); i++)
            tb[i]. Text=ds. Tables[0]. Rows[r][i]. ToString();
    }


//在内存表中更新记录
```

```
public static void update _ in _ ds (System. Data. DataSet ds, int r, params
System. Web. UI. WebControls. TextBox[] tb)
        {
                for (int i=0; i <=tb. GetUpperBound(0); i++)
                        ds. Tables[0]. Rows[r][i]=tb[i]. Text;
        }
        //以下改写 XML 文档
        public static void update _ xml (System. Data. DataSet ds, string xml _ file,
System. Web. UI. Page p)
        {
                try
                {
                        ds. WriteXml(xml_file);
                        p. ClientScript. RegisterStartupScript (p. GetType ( ), "", "<script
language=' javascriupt '>alert('更新成功');</script>");
                }
                catch
                { p. ClientScript. RegisterStartupScript (p. GetType ( ), "", "<script
language=' javascriupt '>alert('更新失败');</script>"); };
        }
}
```

4) 应用实例

(1) 准备 XML 文档。先准备如下 XML 文档供测试用。

```
<?xml version="1. 0" encoding="utf-8" ?>
<ss>
    <student>
        <s_no>001</s_no>
        <s_name>刘一</s_name>
        <s_sex>男</s_sex>
    </student>
    <student>
        <s_no>002</s_no>
        <s_name>刘二</s_name>
        <s_sex>男</s_sex>
    </student>
</ss>
```

(2) 界面设计。查询界面设计如图 7.12 所示;更新界面设计如图 7.13 所示。

图 7.12 查询界面

图 7.13 更新界面

（3）调用类方法。

```
private static System. Data. DataSet ds;//定义数据集
private static int r;//用于储存更新行的行号
//以下页面加载时生成数据集
protected void Page_Load(object sender，EventArgs e)
{
    if(!this. IsPostBack)
    {
        if (ds==null) ds=new DataSet();
    }
}
//以下生成内存表并输出找到的一行
protected void Button1_Click(object sender，EventArgs e)
{
    r= st. crate_ds_and_locate(Request. PhysicalApplicationPath + " student.
```

xml"，ds，TextBox1. Text，TextBox2，TextBox3，TextBox4)；

       if(r!=-1)

          st. out_row(ds，r，TextBox2，TextBox3，TextBox4)；

    }

//以及下在数据集中更新行并将数据集写回 XML 文档

   protected void Button2_Click(object sender，EventArgs e)

   {

      st. update_in_ds(ds，r，TextBox2，TextBox3，TextBox4)；

      st. update_xml(ds，Request. PhysicalApplicationPath + "student. xml"，this)；

   }

}

更新后的 XML 文档如下：

〈?xml version="1.0" standalone="yes"?〉

〈ss〉

  〈student〉

    〈s_no〉001〈/s_no〉

    〈s_name〉刘一〈/s_name〉

    〈s_sex〉男〈/s_sex〉

  〈/student〉

  〈student〉

    〈s_no〉008〈/s_no〉

    〈s_name〉刘八〈/s_name〉

    〈s_sex〉女〈/s_sex〉

  〈/student〉

〈/ss〉

7.3.2.2　基于 DOM 的 XML 更新设计方案

1) 设计思路

(1) 由文档对象(XMLDocument)装载 XML 文档并生成结点树。

(2) 在结点树中定位一个要进行更新操作的结点。

(3) 在结点树更新已定位好的结点。

(4) 将整个结点树重写 XML 文档。

2) 设计的逻辑结构

针对以上设计思路，其设计逻辑结构描述如图 7.14 所示。

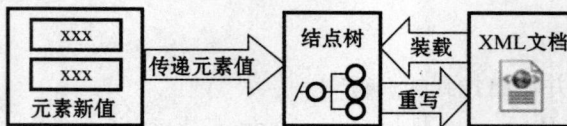

图 7.14　基于 DOM 的 XML 更新设计方案的逻辑结构

3）设计类方法

（1）模块设计及主要功能。

① 在结点树中查找某结点模块。

◆ 查找某指定结点。

◆ 返回结点地址。

② 更新结点值并重定 XML 文档。

◆ 在结点树更新某指定结点。

◆ 用结点树重写 XML 文档。

（2）参数设计。

① 在结点树中查找某结点模块参数。

◆ 查找某指定结点指定关键字（string key）。

◆ 由文档对象（XmlDocument）执行查找。

◆ 返回找到的结点（XmlNode）。

② 更新结点值并重定 XML 文档。

◆ 在结点树更新某指定结点（XmlNode）。

◆ 更新的数据来自编辑框（TextBox[]）。

◆ 调用文档对象（XmlDocument）的 Save 方法，用结点树重写 XML 文档（string xml_file）。

（3）类方法实现。

```
//以下通过文档对象及给定关键字在结点树中查找一结点并返回结点
public static System. Xml. XmlNode search_in_dom(System. Xml. XmlDocument xdoc，string key，params System. Web. UI. WebControls. TextBox[] tb)
        {
            System. Xml. XmlNode n=xdoc. SelectSingleNode(key);
            for (int i=0; i <=tb. GetUpperBound(0); i++)
                tb[i]. Text=n. ChildNodes[i]. InnerText;
            return n;
        }
//以下更新结点树并重写 XML 文档
        public static void update_in_dom(System. Xml. XmlDocument xdoc，System. Xml. XmlNode n，System. Web. UI. WebControls. TextBox[] tb，string xml_f)
        {
            for (int i=0; i <=tb. GetUpperBound(0); i++)
                n. ChildNodes[i]. InnerText=tb[i]. Text ;
            xdoc. Save(xml_f);
        }
```

4）应用实例

（1）准备 XML 文档。准备如下 XML 文档供测试用。

```
〈?xml version="1. 0" standalone="yes"?〉
```

〈ss〉

　〈stud〉

　　〈s_no〉001〈/s_no〉

　　〈s_name〉刘一〈/s_name〉

　〈/stud〉

　〈stud〉

　　〈s_no〉002〈/s_no〉

　　〈s_name〉刘二〈/s_name〉

　〈/studt〉

〈/ss〉

（2）界面设计。设计如图 7.15 所示的检索及更新界面

7.15　检索及更新界面

（3）调用类方法。

　　//以下先自定义

　　private static System. Xml. XmlDocument s_xdoc；

　　 private static System. Xml. XmlNode s_n；

　　//以下页面加载生成文档对象

　　　protected void Page_Load(object sender，EventArgs e)

　　　{

　　　　if（!this. IsPostBack）

　　　　{

　　　　　　if（s_xdoc==null）s_xdoc=new System. Xml. XmlDocument()；

　　　　　　s_xdoc. Load(Request. PhysicalApplicationPath ＋ "student. xml")；

　　　　}　}

　　//以下在结点树中查找并输出结点

　　　protected void search_Button_Click(object sender，EventArgs e)

　　　{

```
        s_ n = st. search _ in _ dom (s _ xdoc, " descendant∷ stud[s _ no = '" +
TextBox1. Text + "']", TextBox2, TextBox3);
        }
        //以下在结点树中更新结点并重写 XML 文档
        protected void update_Button_Click(object sender, EventArgs e)
        {
            System. Web. UI. WebControls. TextBox[] s={TextBox2, TextBox3};
            st. update_in_dom(s_xdoc, s_n, s, Request. PhysicalApplicationPath + "
student. xml");
        }
```

习题

（1）什么是数据更新设计？

（2）基于数据集的更新设计有哪些方案？各种设计方案的优缺点是什么？设计一种方案比较基于数据集的更新设计方案与基于直接传送更新语句的设计方案的代码执行性能。

（3）基于 XML 的更新设计有哪些方案？各种设计方案的优缺点是什么？设计一种方案比较本章中所提到的两种 XML 数据更新方案的代码执行性能。

8 数据删除设计

本章要点

◆ 数据删除设计的基本概念
◆ 数据删除的界面设计
◆ 数据删除设计的设计方案及实现

8.1 什么是数据删除设计

在信息系统使用中,具有数据删除权限的用户或管理员经常要对陈旧数据或不符合管理要求的数据进行删除操作,一般来说,删除数据就是从实体集合中删除一个实体,从数据库的角度来看,就是从数据表中删除记录,从 XML 角度来看,就是删除 XML 结点,从本质上看,删除一个 XML 节点仍然是删除一个信息实体。

8.2 数据删除的界面设计

数据删除设计一般在数据检索设计的基础上进行,一般先根据检索关键字检索即将要进行删除操作的信息,然后再进行删除处理。所以,删除设计的大部分界面仍然是检索设计界面。另外,如果删除操作所针对的实体数量不是很大,也可在浏览界面的基础上设计删除操作界面。

8.3 数据删除设计

8.3.1 基于数据库的删除设计

8.3.1.1 基于数据集的删除设计方案(一)

1) 设计思路

(1) 提取关系表的数据并储存到数据集所指向的内存表。

(2) 在内存表中定位一条要进行删除操作的记录。

(3) 在内存表删除已定位好的记录。

(4) 将整个内存表覆盖数据库表。

2) 设计的逻辑结构

针对以上设计思路,其设计逻辑结构描述如图 8.1 所示。

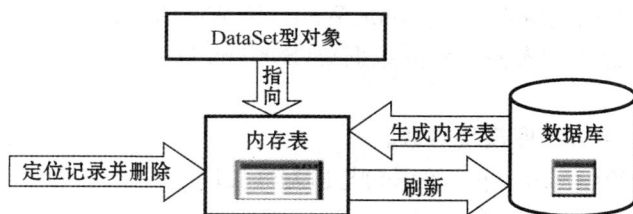

图 8.1　基于数据集的删除设计方案(一)的逻辑结构

3) 设计方案的缺陷

以上设计方案由于每次在记录删除前都要把关系表中全部记录备份到内存表中,这无疑耗费了较多的内存资源。

8.3.1.2　基于数据集的更新设计方案(二)

为了解决设计(一)的缺陷,可从关系表只提取要进行删除的记录填充到内存表中,由于在内存表中只备份了要删除的记录,这时在内存表不再需要定位记录,直接进行删除即可。

1) 设计思路

(1) 提取关系表需要删除的记录并储存到数据集所指向的内存表。

(2) 在内存表删除记录。

(3) 将内存表中记录刷新到后台数据库表。

2) 设计的逻辑结构

针对以上设计思路,其设计逻辑结构描述如图 8.2 所示。

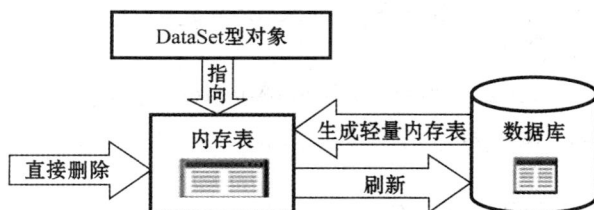

图 8.2　基于数据集的删除设计方案(二)的逻辑结构

3) 设计类方法

(1) 模块设计及主要功能。

① 查询结果生成内存表并输出模块。

◆　以检索关键字作为查询条件产生查询结果。

◆　查询结果填充到内存表。

◆　输出内存表数据到表示层。

② 删除内存表数据模块。直接删除内存表中的数据。

③ 改写后台数据库模块。利用适配器自动生成的删除语句删除后台数据库表中相应记录。

(2) 参数设计。

① 查询结果生成内存表并输出模块参数。

◆　指明查询语句(string sql)。

◆　指明指向内存表的数据集(System. Data. DataSet ds)。

◆　输出内存表数据到编辑框(System. Web. UI. WebControls. TextBox[] tb)。

②　删除内存表数据模块参数。删除数据集(System. Data. DataSet ds)所指向的内存表中的数据。

③　内存表写回后台数据库模块参数。

◆　指明查询语句(string sql),该语句与适配器关联。

◆　指明指向内存表的数据集(System. Data. DataSet ds)。

◆　页面(Page)对象告知用户是否删除成功。

(3) 类方法实现:

```
using System. Data. SqlClient;
public class st
{
    public st()
    { }
    //将查询到的记录通过内存表输出到编辑框
    public static void search_and_out (string sql, System. Data. DataSet ds, params System. Web. UI. WebControls. TextBox[] tb)
    {
        string c_str="Data Source=. ;Initial Catalog=pubs;User ID=sa;Password=1010";
        SqlConnection con=new SqlConnection(c_str);
        con. Open();
        SqlDataAdapter adp=new SqlDataAdapter(sql, con);
        ds. Tables. Clear();
        adp. Fill(ds);
        if(ds. Tables[0]. Rows. Count>0)
        for (int i=0; i<=tb. GetUpperBound(0); i++)
            tb[i]. Text=ds. Tables[0]. Rows[0][i]. ToString();
    con. Close();
    }
    //在内存表中删除数据,假定只有一行数据
    public static void del_in_ds(System. Data. DataSet ds)
    {       ds. Tables[0]. Rows[0]. Delete( ); }
    //内存表写回后台数据库
    public static void refresh_db(string sql, System. Data. DataSet ds, System. Web. UI. Page p)
    {
        string c_str="Data Source=. ;Initial Catalog=pubs;User ID=sa;Password=1010";
        SqlConnection con=new SqlConnection(c_str);
```

```
con. Open();
SqlDataAdapter adp=new SqlDataAdapter(sql, con);
SqlCommandBuilder sb=new SqlCommandBuilder(adp);
try
{
    adp. Update(ds. Tables[0]);
    p. ClientScript. RegisterStartupScript (p. GetType (), "", "〈script
language=' javascriupt '〉alert('删除成功');〈/script〉");
}
catch
{       p. ClientScript. RegisterStartupScript (p. GetType (), "", "〈script
language=' javascriupt '〉alert('删除失败');〈/script〉"); }
    con. Close();
}   }
```

4) 应用实例

（1）准备后台数据表。在后台 pubs 数据库中准备 student 表，如图 8.3 所示。

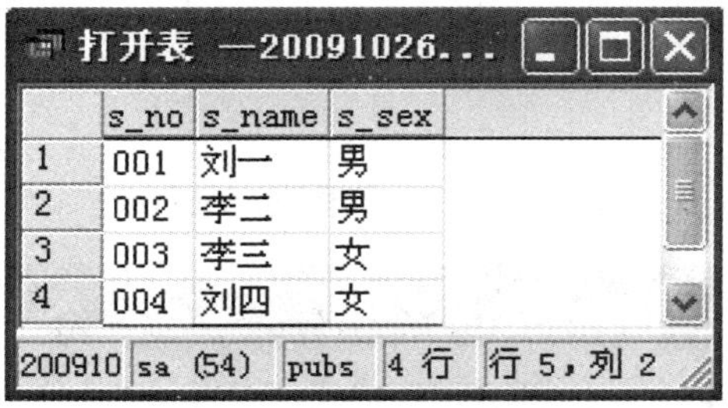

图 8.3　后台 student 表

（2）界面设计。应用程序界面设计，如图 8.4 所示。

图 8.4　将查询后的数据删除

（3）调用类方法：

```
private static System. Data. DataSet ds;
```
// 页面加载时生成数据集
```
    protected void Page_Load(object sender, EventArgs e)
    {
        if (!this. IsPostBack)
            if (ds==null) ds=new DataSet(); }
```
// 按条件查询并输出到编辑框
```
    protected void Button1_Click(object sender, EventArgs e)
    {
        st. search_and_out ("select * from student where s_no='" + TextBox1.
Text + "'", ds, TextBox2, TextBox3, TextBox4);
    }
```
// 删除内存表数据并刷新后台数据库表
```
    protected void Button2_Click(object sender, EventArgs e)
    {
        st. del_in_ds(ds);
        st. refresh_db("select * from student where s_no='" + TextBox1. Text +
"'", ds, this);
    }
```
点击"删除"按钮后再打开后台数据库表，如图 8.5 所示。

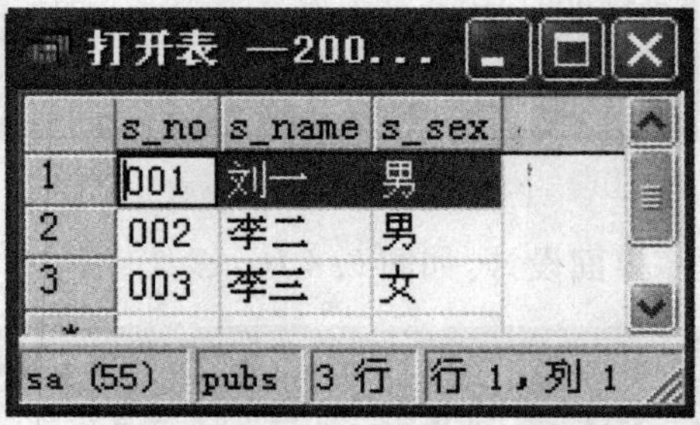

图 8.5　删除后的数据表

8.3.1.3　基于直接传送删除语句的数据删除设计方案

所谓基于直接传送删除语句的数据删除设计方案，就是逻辑层根据从表示层传递过来的参数事先生成删除语句，然后由逻辑层再传递删除语句到数据层完成数据删除操作。这一设计方案的思路如下。

1) 设计思路

（1）在表示层输入要删除实体的关键字值，逻辑层根据关键字值结合关系表生成删除语句。

（2）逻辑层传递删除语句到数据层完成数据删除操作。

2) 设计的逻辑结构

针对以上设计思路，其设计逻辑结构描述如图 8.6 所示。

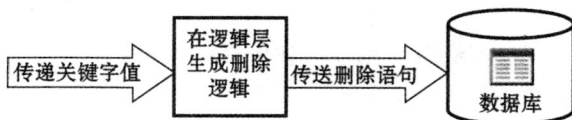

图 8.6 基于直接传送删除语句的数据删除设计方案的逻辑结构

3）设计类方法

（1）模块设计及主要功能

① 生成删除逻辑模块。逻辑层以表示层传递过来的参数结合关系表生成删除语句。

② 刷新后台数据库模块。逻辑层传递删除语句到数据层完成数据删除操作。

（2）参数设计。

① 生成删除逻辑模块参数

◆ 需要指定要删除实体关键字值（string key）。

◆ 指定要删除数据的关系表，用字符串（string）指定表名。

◆ 返回删除操作字符串（string）。

② 刷新后台数据库模块参数。

◆ 传递删除语句（string）到后台数据库。

◆ 删除是否成功应告知用户，由页面（Page）对象调用 Java 脚本弹出对话框明示。

（3）类方法实现：

```
using System. Data. SqlClient;
//生成删除逻辑
Public static string create_del_str(string key,string table_name)
{
    //生成删除字符串的代码；
}
//数据删除
Public static void insert_op(string del_str,System. web. UI. Page p)
{
string c_str = "Data Source=. ; Initial Catalog=pubs; User ID=sa; Password=
1010";
        SqlConnection con=new SqlConnection(c_str);
        con. Open();
        SqlCommand com=new SqlCommand(del_str,con);
        try
        {
            Com. ExecuteNoneQery();
            p. ClientScript. RegisterStartupScript(p. GetType(), "", "〈script
language=' javascriupt '〉alert('删除成功');〈/script〉");
        }
        catch
```

```
{ p. ClientScript. RegisterStartupScript ( p. GetType ( ), "", "〈script
language=' javascriupt '〉alert('删除失败');〈/script〉"); }
        con. Close();
}
```

8.3.1.4　基于网格的删除设计方案

由于某些数据表是轻量级的,所以可以直接输出到网格(GridVie)供用户浏览,在记录较少的情况下,用户可在浏览的过程中进行删除设计。如图 8.7 所示,管理员在浏览用户信息时可进行用户信息删除就是这种情况。

		用户名	密码	用户类型名
编辑	删除	admin	888888	管理员
编辑	删除	rsgl	999999	应聘人员

图 8.7　在浏览过程进行删除操作实例

1) 设计思路

(1) 提取关系表中所有记录并储存到数据集所指向的内存表。

(2) 输出内存表中数据到网格。

(3) 在网格中设置删除按钮。

(4) 点击删除按钮则传递删除逻辑到后台数据库并执行删除操作。

2) 设计的逻辑结构

针对以上设计思路,其设计逻辑结构描述如图 8.8 所示。

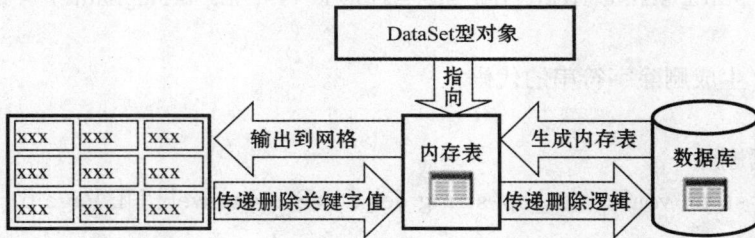

图 8.8　基于网格的删除设计方案的逻辑结构

3) 设计类方法

模块设计及主要功能。

① 输出关系表数据到网格模块。

◆　提取数据表数据存储到内存表中。

◆　内存表数据输出到网格。

② 完成编辑并向后台发送更新语句模块。

◆　生成删除逻辑。

◆　向后台发送删除语句并完成删除操作。

4) 应用实例

(1) 界面设计。界面设计如图 6.7 所示。

(2) 准备测试表。在后台 HRAS 数据库中准备如图 8.9 所示的数据表。

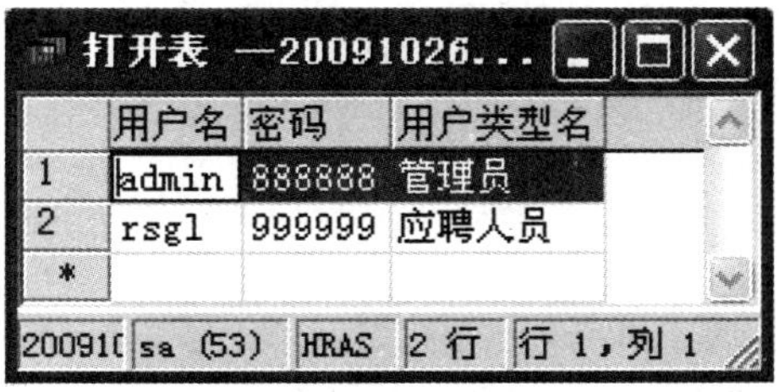

图 8.9 用户表

（3）设计类方法：

　　//以下定义查询结果输出到网格

```
public static void sql_out_grid(string sql, System. Web. UI. WebControls. GridView dg)
{

        string c_str=System. Configuration. ConfigurationManager. ConnectionStrings["con_HRAS"]. ToString();
        SqlConnection con=new SqlConnection(c_str);
        con. Open();
        SqlDataAdapter adp=new SqlDataAdapter(sql, con);
        DataSet ds=new DataSet();
        adp. Fill(ds, "t");
        dg. DataSource=ds. Tables["t"];
        dg. DataBind();
        con. Close();
}
```

　　//在网格中删除一个用户,以下的 ck 是用来判定用户是否真有确定要进行删除操作

```
public static void del _ user (System. Web. UI. Page pag, System. Web. UI. HtmlControls. HtmlInputCheckBox ck, string u_name)
{

        if (ck. Checked)
        {
            string op_str="delete from 用户 where 用户名=’" + u_name + "’";
            try
            {
                g_d. op_rec(op_str);
                pag. ClientScript. RegisterStartupScript (pag. GetType(), "", "<script language=' javascript '>alert('成功删除用户。');</script>");
            }
            catch
```

```
        { pag. ClientScript. RegisterStartupScript(pag. GetType(), "", "<script
language=' javascript '>alert('删除用户失败。');</script>"); }
        }
    }
```

（4）调用类方法。

```
    //以下先输出数据表数据到网格
    protected void user_inf_maint_Button_Click(object sender, EventArgs e)
    {
        string sql="select * from 用户";
        data. sql_out_grid(sql, gv);
    }


    //以下完成删除操作
    protected void user_GridView_RowDeleting(object sender, GridViewDeleteEventArgs e)
    {
        string u_name=user_GridView. Rows[e. RowIndex]. Cells[2]. Text;
        data. del_user(this, del_check, u_name);
        data. show_user(user_GridView);
    }
```

注意：del_check 是 HtmlInputCheckBox 型控件。

8.3.2 基于 XML 的更新设计

8.3.2.1 基于数据集的 XML 删除设计方案

1）设计思路

（1）由数据集读取 XML 文档并生成内存表。

（2）在内存表中定位一条要进行删除操作的记录。

（3）在内存表删除已定位好的记录。

（4）将整个内存表重写 XML 文档。

2）设计的逻辑结构

针对以上设计思路,其设计逻辑结构描述如图 8.10 所示。

图 8.10 基于数据集的 XML 删除设计方案的逻辑结构

3）设计类方法

（1）模块设计及主要功能。

① 生成内存表并定位需删除的记录模块。

◆　读取 XML 文档生成内存表。

◆　在内存表中定位好要删除的记录。

② 输出找到的一行模块。输出在内存表中定位好的一行。

③ 删除内存表数据模块。根据已定位好的行号删除内存表中的数据。

④ 内存表写回后台数据库模块。将内存表重写 XML 文档。

（2）参数设计。

① 生成内存表并定位需更新的记录模块参数。

◆　读取 XML 文档（string xml_file）生成数据集（DataSet）指向的内存表。

◆　在内存表中定位好要更新的记录，应根据关键字（string key）查找并返回记录号（int r_no）。

② 输出输出找到的一行模块参数。

◆　指定数据集（DataSet）。

◆　指定要输出的行号（int r_no）。

◆　用编辑框（TexBox[]）显示数据。

③ 删除内存表数据模块参数。

◆　更新数据集（DataSet）指向的内存表中的数据。

◆　指定要更新的行号（int r_no）。

④ 内存表写回后台数据库模块参数。将数据集（DataSet）指向的内存表重写 XML 文档（string xml_file）。

（3）类方法实现：

```
public class st
public class st
{
    public st()
    {   }
    //生成内存表并定位需更新的记录模块参数
    public static int crate_ds_and_locate(string xml_file,System. Data. DataSet ds,string key)
    {
        ds. ReadXml(xml_file);
        int r_no=-1;
        //假定查找的值在第 0 列
        for(int i=0;i<=ds. Tables[0]. Rows. Count-1;i++)
        {
            if (ds. Tables[0]. Rows[i][0]. ToString()==key)
            {
```

```
                    r_no=i;
                    break;
                }
            }
        if (r_no==ds. Tables[0]. Rows. Count) r_no=-1;
        return r_no;
    }
```

//输出查找到的一行

```
public static void out_row(System. Data. DataSet ds, int r, params System.
Web. UI. WebControls. TextBox[] tb)
    {
        for (int i=0; i <=tb. GetUpperBound(0); i++)
            tb[i]. Text=ds. Tables[0]. Rows[r][i]. ToString();
    }
```

//在内存表中删除第 r 行

```
public static void del_in_ds(System. Data. DataSet ds, int r)
    {
        ds. Tables[0]. Rows[r]. Delete();
    }
```

//改写 XML 文档

```
public static void update_xml (System. Data. DataSet ds, string xml_file,
System. Web. UI. Page p)
    {
        try
        {
            ds. WriteXml(xml_file);
            p. ClientScript. RegisterStartupScript ( p. GetType ( ), "", " 〈script
language=' javascriupt '〉alert('删除成功');〈/script〉");
        }
        catch
        { p. ClientScript. RegisterStartupScript ( p. GetType ( ), "", " 〈script
language=' javascriupt '〉alert('删除失败');〈/script〉"); };
    }   }
```

4）应用实例

（1）准备 XML 文档。先准备如下 XML 文档供测试用。

```
〈?xml version="1.0" standalone="yes"?〉
〈ss〉
    〈student〉
    〈s_no〉001〈/s_no〉
```

〈s_name〉刘一〈/s_name〉

〈s_sex〉男〈/s_sex〉

〈/student〉

〈student〉

〈s_no〉002〈/s_no〉

〈s_name〉刘二〈/s_name〉

〈s_sex〉女〈/s_sex〉

〈/student〉

〈/ss〉

(2) 界面设计。查询及删除界面设计,如图 8.11 所示。

图 8.11 更新界面

(3) 调用类方法:

```
private static System. Data. DataSet ds;//定义数据集
private static int r;//用于储存删除行的行号
//以下页面加载时生成数据集
protected void Page_Load(object sender, EventArgs e)
{
    if(!this. IsPostBack)
    {
        if (ds==null) ds=new DataSet();
    }
}
//以下是 XML 文档生成内存表并输出找到的一行
    protected void Button1_Click(object sender, EventArgs e)
    {
        r= st. crate_ds_and_locate(Request. PhysicalApplicationPath + "student.
xml", ds,TextBox1. Text);
```

```
        if(r!=-1)
            st.out_row(ds,r,TextBox2，TextBox3，TextBox4);


    }
//以下在数据集中删除并重写 XML 文档
    protected void Button2_Click(object sender，EventArgs e)
    {
        st.del_in_ds(ds, r);
        st.update_xml(ds, Request.PhysicalApplicationPath + "student.xml",
this);
    }
```

更新后的 XML 文档如下:

```
〈?xml version="1.0" standalone="yes"?〉
〈ss〉
  〈student〉
    〈s_no〉001〈/s_no〉
    〈s_name〉刘一〈/s_name〉
    〈s_sex〉男〈/s_sex〉
  〈/student〉
〈/ss〉
```

8.3.2.2 基于 DOM 的 XML 删除设计方案

1) 设计思路

(1) 由文档对象(XMLDocument)装载 XML 文档并生成结点树。

(2) 在结点树中定位一个要进行删除操作的结点。

(3) 在结点树删除已定位好的结点。

(4) 将整个结点树重写 XML 文档。

2) 设计的逻辑结构

针对以上设计思路,其设计逻辑结构描述如图 8.12 所示。

图 8.12 基于 DOM 的 XML 更新设计方案的逻辑结构

3) 设计类方法

(1) 模块设计及主要功能。

① 在结点树中查找某结点模块。

◆ 查找某指定结点。

◆ 返回结点。

② 删除结点并重定 XML 文档。

◆ 在结点树中删除某指定结点。

◆ 用结点树重写 XML 文档。

（2）参数设计。

① 在结点树中查找某结点模块参数。

◆ 查找某指定结点应指定关键字（string key）。

◆ 由文档对象（XmlDocument）执行查找。

◆ 返回找到的结点（XmlNode）。

② 删除结点有值并重定 XML 文档。

◆ 在结点树更新某指定结点（XmlNode）。

◆ 调用文档对象（XmlDocument）的 Save 方法，用结点树重写 XML 文档（string xml_file）。

（3）类方法实现：

//以下通过文档对象及给定关键字在结点树中查找一结点并返回结点

```
public static System. Xml. XmlNode search_in_dom(System. Xml. XmlDocument xdoc, string key, params System. Web. UI. WebControls. TextBox[] tb)
        {
            System. Xml. XmlNode n=xdoc. SelectSingleNode(key);
            for (int i=0; i<=tb. GetUpperBound(0); i++)
                tb[i]. Text=n. ChildNodes[i]. InnerText;
            return n;
        }
```

//以下删除结点树并重写 XML 文档

```
        public static void del_in_dom(System. Xml. XmlDocument xdoc, System. Xml. XmlNode n, string xml_f)
        {
            n. parent. removechildnode(n); ;
            xdoc. Save(xml_f);
        }
```

4）应用实例

（1）准备 XML 文档。准备如下 XML 文档供测试用。

```
〈?xml version="1.0" standalone="yes"?〉
〈ss〉
    〈stud〉
    〈s_no〉001〈/s_no〉
    〈s_name〉刘一〈/s_name〉
    〈/stud〉
    〈stud〉
    〈s_no〉002〈/s_no〉
    〈s_name〉刘二〈/s_name〉
```

〈/studt〉

〈/ss〉

（2）界面设计。设计如图 8.13 所示的检索及更新界面。

8.13　检索及更新界面

（3）调用类方法：

//以下先自定义

private static System. Xml. XmlDocument s_xdoc;

private static System. Xml. XmlNode s_n; //存储要删除的结点

//以下页面加载生成文档对象

```
    protected void Page_Load(object sender, EventArgs e)
    {
        if (!this. IsPostBack)
        {
            if (s_xdoc==null) s_xdoc=new System. Xml. XmlDocument();
            s_xdoc. Load(Request. PhysicalApplicationPath + "student. xml");
        }
    }
```

//以下在结点树中查找并输出结点

```
    protected void search_Button_Click(object sender, EventArgs e)
    {
        s_n = st. search_in_dom(s_xdoc, "descendant::stud[s_no='" +
TextBox1. Text + "']", TextBox2, TextBox3); }
```

//以下在结点树中更新结点并重写 XML 文档

```
    protected void update_Button_Click(object sender, EventArgs e)
    {
        st. del_in_dom(s_xdoc, s_n, s, Request. PhysicalApplicationPath + "
student. xml");
    }
```

8.4　安全删除设计

以下所讨论的安全设计仅仅局限于表示层与逻辑层,用户在进行删除操作时,应弹出警告对话框告知用户,让用户有一个思考缓冲时间,保证删除操作的一定安全性。用户在删除操作时一般要点击"删除"按钮,而按钮对"点击"事件的处理可在客户端进行,也可在服务端进行,下面分别就这两种情况进行分析。

8.4.1　在服务端处理

1)设计思路

(1)在页面上添加 HTML 组件中的 CheckBox 型组件并设定运行在服务端。

(2)移除处理删除按钮的"onclick"事件。

(3)重新定义"onclick"事件,在事件中处理 JavaScript 并调用 Confirm 函数弹出对话框,如果用户点击"确定"按钮则让 CheckBox 型组件的 checked 属性设为 true;否设为 false。

2)代码处理

(1)重定义处理删除按钮的"onclick"事件。

假定 del_Button 是运行在服务端的处理删除操作的按钮,del_check 是 CheckBox 型组件。

del_Button. Attributes. Remove("onclick");

del_Button. Attributes. Add("onclick","javascript:if (confirm('真的要删除当前信息吗？')) {document. all. del_check. checked = true;} else document. all. del_check. checked = false;");

(2)处理删除。

If(del_check. checked)

　　{//处理进行删除操作的代码;}

Else

　　{//处理不进行删除操作的代码;}

8.4.2　在客户端处理

1)设计思路

(1)在页面上添加 HTML 组件中的 CheckBox 型组件并设定运行在服务端。

(2)在客户端代码中添加〈div〉删除〈/div〉结点。

(3)定义"onclick"事件,在事件中处理 JavaScript 并调用 Confirm 函数弹出对话,如果用户点击"确定"按钮,则让 CheckBox 型组件的 checked 属性设为 true;否则设为 false。

(4)将"onclick"事件设为"div"结点的属性。

2)代码处理

(1)客户端代码处理。

〈div onclick="JavaScript:if (confirm('真的要删除吗？')) {document. all. del_check. checked=true;} else document. all. del_check. checked=false;"〉删除〈/div〉

（2）服务端代码处理。

由于处理删除逻辑仍然要在应用服务端进行，所以在客户端代码处理的基础上仍然要在服务端运行如下代码。

```
If(del_check. checked)
    {//处理进行删除操作的代码;}
Else
    {//处理不进行删除操作的代码;}
```

习题

（1）什么是数据删除设计？

（2）基于数据集的删除设计有哪些方案？各种设计方案的优缺点是什么？设计一种方案比较基于数据集的删除设计方案与基于直接传送删除语句的设计方案的代码执行性能。

（3）基于 XML 的更新设计有哪些方案？各种设计方案的优缺点是什么？设计一种方案比较本章中所提到的两种 XML 数据删除方案的代码执行性能。

9 应用程序处理后台数据的模块划分

本章要点

◆ 应用程序处理后台数据的模型
◆ 应用程序处理后台数据的模块划分及功能实现设计
◆ 应用程序处理后台数据的典型实例

9.1 应用程序处理后台数据的模型

9.1.1 基本模型

应用程序在处理后台数据库数据时可看成是两个端点之间的信息交互,两个端点分别是应用程序服务端、数据库服务端。两个端点之间的信息交互就是应用程序服务端访问数据库服务端并返回数据的过程。其基本模型如图 9.1 所示。

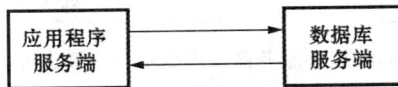

图 9.1 应用程序处理后台数据的基本模型

9.1.2 可断开连接的模型

这里所说的连接指的是应用程序与数据库服务器的连接,对可断开连接的模型可做如下理解。
(1)应用程序连接数据库服务器。
(2)应用程序通过某种方式从数据库服务端提取数据到应用程序服务端并生成内存流。
(3)应用程序断开与数据库服务器连接。
(4)应用程序直接在应用程序服务端访问内存流并为用户提供服务。
基于以上理解,该模型的逻辑结构描述如图 9.2、图 9.3 所示。

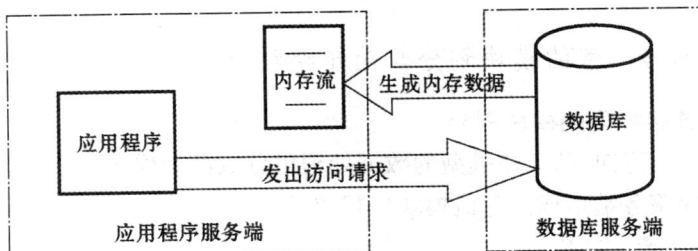

图 9.2 在应用程序服务端生成内存流

图 9.3　断开连接后处理内存流

9.1.3　不可断开连接的模型

对不可断开连接的模型可作如下理解。

（1）应用程序连接数据库服务器。

（2）应用程序通过某种方式访问数据库服务端并在数据库服务端生成内存流。

（3）应用程序保持与数据库服务器连接。

（4）应用程序从数据库服务端访问内存流并为用户提供服务。

基于以上理解，该模型的逻辑结构描述如图 9.4、图 9.5 所示。

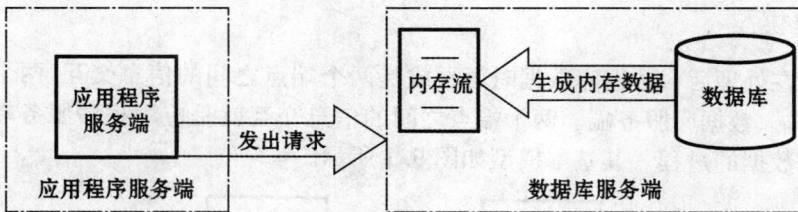

图 9.4　应用程序向数据库服务器发出请求并在数据库服务端生成内存流

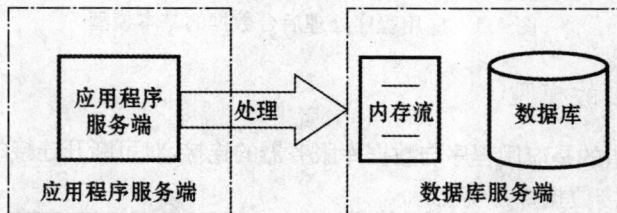

图 9.5　应用程序处理后台内存流

9.2　应用程序处理后台数据的模块划分及功能实现设计

9.2.1　可断开连接模型的模块划分与功能实现设计

9.2.1.1　可断开连接模型的模块划分

从图 9.2、图 9.3 可知，基于该模型的数据处理可分成两个模块：

1）在应用程序服务端生成内存流模块（M7.2.1.1_1）

（1）该模块的主要功能概括。

（2）应用程序服务端向数据库服务端发出数据访问请求。

（3）数据库服务端根据要求提取数据并传送到应用程序服务端生成内存流。

2）在应用程序服务端处理内存流模块（M7.2.1.1_2）

该模块的功能是：应用程序处理已生成的内存流并输出到用户界面。

9.2.1.2　可断开连接模型的模块功能实现设计

```
public class enable_break_connect
{
    public enable_break_connect()
    {   }
//以下针对 M7.2.1.1_1 实现
    public static void create_memory_stream(参数列表)
    {     实现代码；}
//以下针对 M7.2.1.1_2 实现
    public static void process_memory_stream(参数列表)
    {    实现代码；}
}
```

9.2.2　不可断开连接模型的模块划分与功能实现设计

9.2.2.1　不可断开连接模型的模块划分

从图 9.4、图 9.5 可知，基于该模型的数据处理由于两个端点始终不能断开，所以应做成一个集成模块（M7.2.2.1_1）。

模块（M7.2.2.1_1）功能如下：

（1）应用程序服务端向数据库服务端发出数据访问请求。

（2）数据库服务端根据要求提取数据并在数据库服务端生成内存流。

（3）应用程序处理在数据库服务端生成的内存流并输出到用户界面

9.2.2.2　不可断开连接模型的模块功能实现设计

```
public class keep_connect
{
    public keep_connect()
    {   }
//以下针对 M7.2.2.1_1 实现
    public static void create_memory_stream_and_process(参数列表)
    {    实现代码；}
```

9.2.2.3　不可断开连接模型的模块功能集成实现理由

我们假定该模型功能实现仍然按照可断开连接模型来实现，那么在类设计中还必须做如下定义和类方法设计：

（1）定义可跨模块使用的 SqlConnect 类类型变量，在 ASP.NET 应用程序中还必须设置成静态变量。

（2）设计生成 SqlConnect 类实例的方法。

那么针对模块（M7.2.2.1_1）的实现将变成如下情况：

```
public class keep_connect
{
    Private static System. Data. SqlConnecton con;
    public keep_connect ()
    {    }
//以下实例化 con
    Public static init_con_instance()
    {con＝new SqlConnection(参数);}
//以下先生成内存流
    public static void create_memory_stream(参数列表)
    {
        Con. open();
        生成内存流代码;
    }
//以下处理内存流
    public static void process_memory_stream(参数列表)
    {
        处理内存流代码;
        Con. Close();
    }  }
```

以上设计存在以下缺陷：

（1）必须定义可跨模块使用的 SqlConnect 类类型变量，增加了内存开销。

（2）设计生成 SqlConnect 类实例的方法，增加应用程序调用方法次数。

（3）由于该模型要求应用程序服务端在处理完内存流之前必须始终与数据库服务端保持连接，这导致了 SqlConnect 类类型的实例的 open()方法与 close()方法在不同模块中调用，增加了设计控制难度。

9.3　应用实例

假定后台 Pubs 数据库中有一"作者"表，其关系模式是：authors(au_id, au_fname, au_lname)，现设计 ASP. NET 应用程序，将作者信息输出到网格（GridView）。

9.3.1　可断开连接的应用实例（C＃.net 实现）

1）设计类方法

```
public class enable_break_connect
```

```
        public enable_break_connect()
        {
        }
        public static void create_memory_stream(string con_str, string sql, System.
Data. DataSet ds)
        {
            System. Data. SqlClient. SqlConnection con = new System. Data. SqlClient.
SqlConnection(con_str);
            con. Open();
            System. Data. SqlClient. SqlDataAdapter adp = new System. Data.
SqlClient. SqlDataAdapter(sql, con);
            adp. Fill(ds);
            con. Close();
        }


        public static void process_memory_stream(System. Data. DataSet ds, System.
Web. UI. WebControls. GridView gv)
        {
            gv. DataSource = ds. Tables[0];
            gv. DataBind();
        }
    }
```

2）调用类方法

```
    private static System. Data. DataSet ds;
        protected void Page_Load(object sender, EventArgs e)
        {
            if (!this. IsPostBack)
                if (ds == null) ds = new DataSet();
        }
        protected void Button1_Click(object sender, EventArgs e)
        {
            enable_break_connect. create_memory_stream("Data Source =. ; Initial
Catalog = pubs; User ID = sa", "select au_id, au_fname, au_lname from authors", ds);
            enable_break_connect. process_memory_stream(ds, GridView1);
        }
```

调用类方法结果如图 9.6 所示。

图 9.6　可断开连接的应用实例

9.3.2　不可断开连接的应用实例(C#. net 实现)

1) 设计类方法

```
public class keep_connect
{
    public keep_connect()
    {                }
    public static void create_memory_stream_and_process(string con_str, string sql, System. Web. UI. WebControls. GridView gv)
    {
        System. Data. SqlClient. SqlConnection con=new System. Data. SqlClient. SqlConnection(con_str);
        con. Open();
        System. Data. SqlClient. SqlCommand com=new System. Data. SqlClient. SqlCommand(sql, con);
        gv. DataSource=com. ExecuteReader();
        gv. DataBind();
        con. Close();
    }
}
```

2) 调用类方法

```
protected void Button1_Click(object sender, EventArgs e)
{
    keep_connect. create_memory_stream_and_process("Data Source=. ;
Initial Catalog=pubs; User ID=sa", "select au_id, au_fname, au_lname from authors",
```

GridView1);
   }
  调用类方法结果仍然如图 9.6 所示。

习题

  (1) 简述应用程序处理后台数据的模型。

  (2) 应用程序在处理后台数据时,其模块划分就遵循什么原则?

  (3) 假定后台"PUBS"数据库有一"student"表,其关系模式是:student(s_n, s_name, s_sex)。现要提取数据到应用服务器,分别用不可断开连接的模型及可断开连接的模型设计 ASP. NET 应用程序来实现数据提取并比较两种设计方案的代码执行性能。

10 基于业务流程的数据库设计

本章要点

◆ 业务流程的表示
◆ 基于业务流程的数据库设计基本概念
◆ 前台用户和后台用户
◆ 基于业务流程的数据库设计案例

10.1 业务流程的表示

软件设计的目标就是要实现用户所需要的功能,每一项相对独立的功能均对应一个业务流程。

如软件开发人员要实现一个用户(user)注册功能,其具体描述如下:

(1) 用户进入注册页面。

(2) 输入用户信息。

(2) 提交用户信息。

以上是一个功能模块,它由若干子功能模块组成,若干子功能按一定的顺序组合在一起就构成了一个业务流程,而 UML 中的活动图能很好地表现业务流程。以上用户注册的活动图描述如图 10.1 所示。

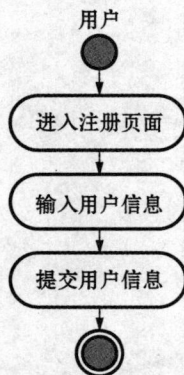

图 10.1 用户注册的活动图

10.2 基于业务流程的一些基本概念

为了研究问题的需要,我们定义如下概念:

（1）业务参与者实体：业务活动的执行者。图10.1中的"用户"即是业务参与者实体。

（2）业务流实体：在业务执行过程中出现的实体叫作业务流实体。图10.1中的"注册页面"、"用户信息"均是业务流实体。

（3）存储性业务流实体：在业务执行过程中需要将实体信息存储到后台的实体。图10.1中的"用户信息"就是存储性业务流实体。

（4）非存储性业务流实体：在业务执行过程中不需要将实体信息存储到后台的实体。图10.1中的"注册页面"就是非存储性业务流实体。

10.3　研究角度

任何一个应用软件系统，其最终用户是软件的使用者（业务参与者），所以对软件系统的描述可以从业务参与者使用软件的角度入手进行系统分析。对系统分析者而言，基于这一角度的分析应抓住两个关键点：使用软件的用户（业务参与者），每个用户使用该软件能干什么？

而UML中的用例图与活动图恰好能对两个关键点进行很好描述。

活动图深化了特定的用例，使得读者可以更为深入理解用例是如何完成的。活动图适用于许多目的，包括：

（1）理解现在的业务。

（2）识别将要发生变化的业务领域。

（3）发现业务过程中冗余。

（4）发现业务过程中性能瓶颈。

（5）识别出可以更好地在内部完成或外部完成的行为。

（6）建立起特定的行为或业务用例的信息需求。

10.4　前台用户与后台用户

在信息系统开发中，根据用户权限的不同，可将用户分成前台用户和后台用户。

10.4.1　前台用户

在软件系统使用中不能对其他用户进行初始化操作的用户称为前台用户。假定某软件系统中有"教师"、"学生"、"管理员"三类用户，若"教师"、"学生"两类用户不能对任何用户进行初始化，那么"教师"、"学生"这两类用户就是前台用户。

10.4.2　后台用户

在软件系统使用中能对其他用户进行初始化操作的用户称为后台用户。假定某软件系统中有"教师"、"学生"、"管理员"三类用户，若"管理员"用户可对"教师"、"学生"两类用户进行初始化，那么"管理员"就是后台用户。

10.4.3　信息系统开发中后台用户规定

有数据库设计的软件都是信息系统开发，我们规定：信息系统中必须设立"管理员"后台用户,并且"管理员(administrator)"至少必须具备初始化"管理员(administrator)"的业务功能,这一功能的活动图如图10.2所示。

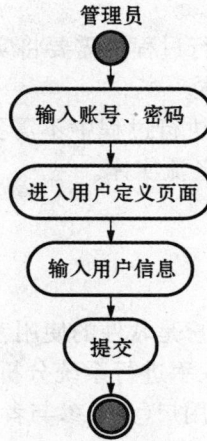

图10.2　管理员(administrator)的基本业务活动

另外,为了满足"管理员"能第一次使用系统,系统必须有"管理员"的内置账号。

10.4.4　信息系统开发中有关用户通行的规定

我们规定,任何用户进行某种操作之前必须输入账号、密码进行通行验证,该通行验证的目的是判断用户属于哪类用户,以便有选择性地进入不同页面进行相关操作。

10.5　基于业务流程的数据库设计小型案例

10.5.1　项目目标

现假定要开发一高校"教师通讯录系统",要求教师可以通过该系统录入通讯信息,分类查询教师通信录信息;管理员可通过该系统初始化"管理员"、"教师"等用户并录入和维护一些基础性数据。

10.5.2　项目功能需求分析

使用该系统的用户为两大类:"教师"、"管理员"。从用户使用系统的角度,可分成两大模块进行分析。

1)教师模块

其主要功能如下:

(1)教师输入通讯信息功能。

(2)教师浏览通讯信息功能。

该功能模块的用例图如图10.3所示。

2)管理员模块

其主要功能如下:

（1）初始化用户。

（2）录入其他基础数据。

该功能模块的用例图如图 10.4 所示。

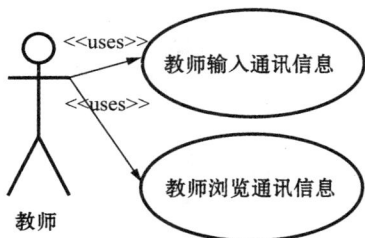

图 10.3 教师使用系统的用例图　　　　图 10.4 管理员使用本系统的用例图

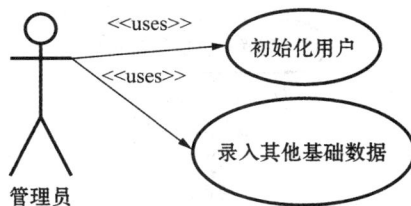

10.5.3 项目业务流程分析

1）教师模块业务流程

（1）教师输入通讯信息的业务流程如图 10.5 所示。

（2）教师浏览通讯信息业务流程如图 10.6 所示。

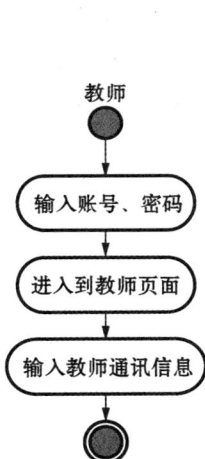

图 10.5 教师输入通讯信息的
业务流程活动图

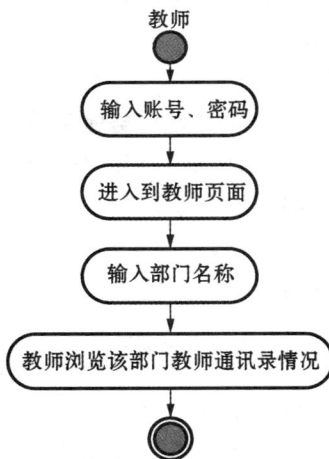

图 10.6 教师浏览通讯信息
业务流程的活动图

2）管理员模块业务流程

（1）初始化用户的业务流程如图 10.7 所示。

（2）录入其他基础数据的业务流程。这里所说的基础数据是抽象的，管理员到底能录入哪些基础数据仍然不明确。管理员要录入的基础数据应该是其他用户所依赖的数据，本系统中只有"管理员"、"教师"两类用户，所以，"教师"所依赖的基础数据就是"管理员"应该录入的，而"教师"所依赖的基础数据从教师模块的业务流程中是很容易发现的。

从图 10.6 可知，教师在进行通讯录浏览时要依赖"部门"信息，所以，在本系统中，"管理员"要录入的基础数据就是"部门"信息。

"管理员"录入部门信息的业务流程如图 10.8 所示。

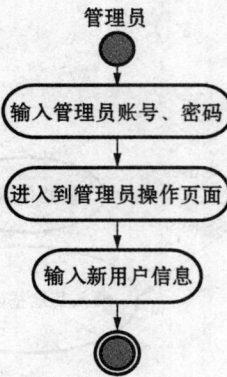

图 10.7 初始化用户的
业务流程活动图

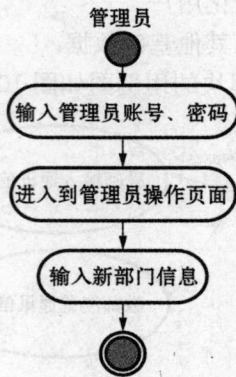

图 10.8 "管理员"录入部门信息的
业务流程活动图

10.5.4 穷举业务实体

10.5.4.1 穷举业务参与者实体

从业务流程活动图可知,业务参与者实体有:

(1) 教师。

(2) 管理员。

10.5.4.2 穷举存储性业务流实体

从业务流程活动图可知,存储性业务流实体有:

(1) 教师通讯录信息。

(2) 用户信息。

(3) 部门信息。

10.5.5 实体的最终确定

10.5.5.1 实体名的确定

(1) 用户(由"教师"、"管理员"、"用户信息"抽象而来)。

(2) 通讯录(由"教师通信录信息"简化而来)。

(3) 部门(由"部门信息"简化而来)。

10.5.5.2 实体属性的确定

(1) 用户属性。

① 用户名(管理员初始化需要)。

② 密码(管理员初始化需要)。

③ 用户类型(给用户分类,便于依据类型访问不同页面)。

④ 使用部门(对账号使用部门备案,以便日后管理)。

(2) 通讯录属性。

① 教工编号(教工的唯一标识)。

② 姓名。

③ 性别。

④ 所在部门(便于教师分部门查询)。

⑤ 职务。

⑥ 办公电话。

⑦ 手机号码。

⑧ E-mail。

⑨ QQ。

(3) 部门属性。

① 部门编号。

② 部门名称。

10.5.5.3　确定关系模式

根据以上实体名及实体属性,确定实体的关系模式如下:

(1) 部门(部门编号,部门名称)。

(2) 用户(用户名,密码,用户类型,使用部门)。

(3) 通讯录(教工编号,姓名,性别,所在部门,职务,办公电话,手机号码,E-mail,QQ)。

10.5.5.4　生成实体类图

根据以上确立的关系模式,"用户"、"部门"及"通讯录"三个实体的类图建模如图 10.9 所示。

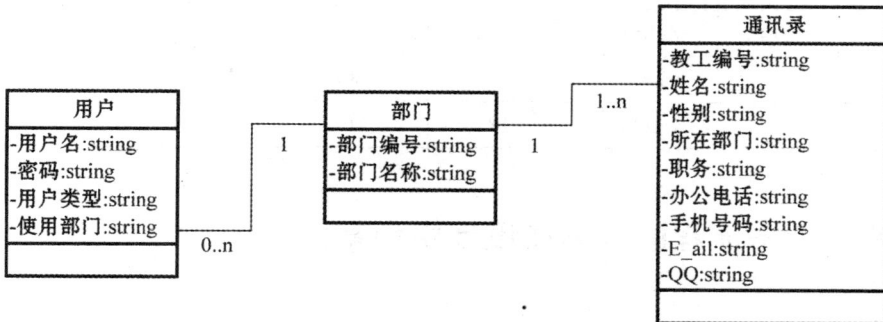

图 10.9　实体的类图

10.5.5.5　数据库逻辑设计

根据实际需要,确定"用户"、"部门"及"通讯录"三个实体的逻辑结构。

"用户"的逻辑结构如表 10.1 所示。

表 10.1　"用户"的逻辑结构

列　名	数据类型	长　度	可否为空	说　明
用户名	varchar	10	NO	PRIMARY KEY
密码	varchar	10	NO	规定字符串长度不小于 6
用户类型	varchar	6	NO	用户类型的取值只能是"管理员"或"教师"
使用部门	varchar	2	NO	FOREIGN KEY,主键为"部门"中的部门编号

"部门"的逻辑结构如表 10.2 所示。

表 10.2 "部门"的逻辑结构

列　名	数据类型	长　度	可否为空	说　明
部门编号	char	2	NO	PRIMARY KEY
部门名称	varchar	30	NO	

"通讯录"的逻辑结构如表 10.3 所示。

表 10.3 "通讯录"的逻辑结构

列　名	数据类型	长　度	可否为空	说　明
教工编号	char	8	NO	PRIMARY KEY
姓名	varchar	8	NO	
性别	char	2	NO	
所在部门	char	2	NO	FOREIGN KEY,主键为"部门"中的部门编号
职务	varchar	20	NO	
办公电话	varchar	13	NO	
手机号码	char	11	NO	
E-mail	varchar	30	NO	
QQ	varchar	12	NO	

10.6　基于业务流程的数据库设计中型案例

10.6.1　项目目标

现假定要开发一"高校分布式题库系统",主要目标如下。

本系统将提供一个通用的分布式环境下的试题输入、储存、检索、组卷、输出平台,为高校提供一个试题分布式操作环境,极大限度地实现试题资源共享与试题信息规范化集中式管理。

分布式题库系统是针对一些学校因试题资源缺乏规范化管理(仅处在电子文档管理阶段)而导致试题信息共享性差及已有试题资源利用率低的情况,以试题资源输入、试题资源检索、试题资源重组集成化管理为目标而开发出来的一套分布数据处理应用系统。

该系统是一种典型的信息管理系统(MIS),B/S 结构,其主要功能包括:教师出题、试题分类浏览、试题检索、随机组卷、用户权限审核、建库课程申报;其辅助功能包括:用户注册、用户留言、系统管理员后台管理。

与学校相关部门主管充分沟通交流后,确定最终用户的需求,即需求分析中的理解需求。再与主管和具体成员讨论分析,确定各模块及模块间的任务,即需求分析中的分析需求。结合教务部门的需求,给出了系统功能模块划分图,如图 10.10 所示。

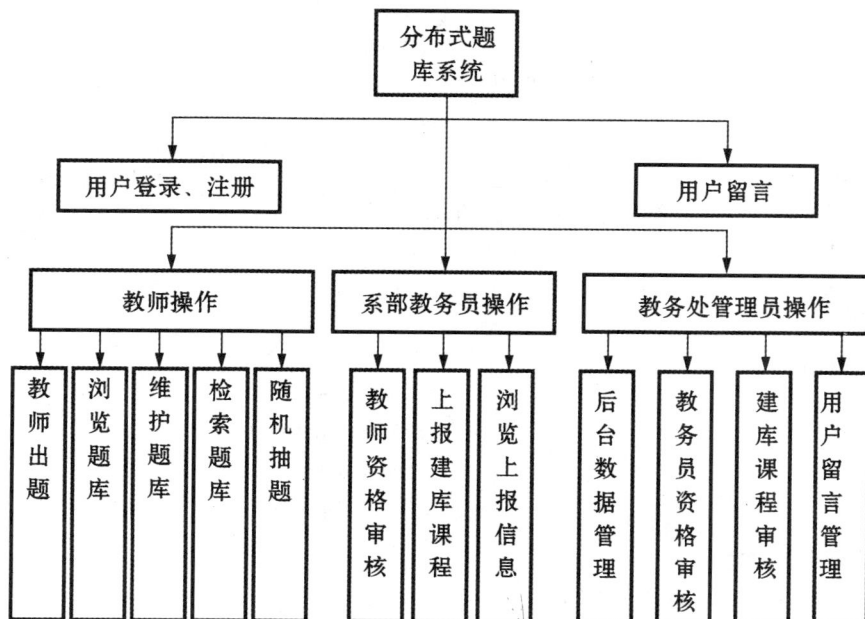

图 10.10   系统功能模块划分图

10.6.2   项目功能需求分析

使用该系统的用户为三大类:"教师"、"系部教务员"、"系统管理员"。从用户使用系统的角度,可分成四大模块进行分析。

1) 公共模块(用户登录和注册模块)

该模块是所有用户须共同操作的模块。

不同管理人员可以使用分布式题库系统,同时他们还可以进行留言。系统为了提供这些功能,则必须在管理人员进入系统后拥有该管理人员的用户信息,而用户登录、注册模块可以实现该功能。所以,登录、注册模块是系统必不可少的。用户登录功能主要是验证用户信息是否正确、合法。注册功能主要为游客所用,任何人先可以游客身份进入系统,然后注册成某种类型的用户(如教师、教务员)。

2) 教师模块

教师操作题库应包含以下功能:

(1) 教师输入试题,上传试题图形文件。

(2) 教师输入浏览条件,浏览试题库。

(3) 教师在规定权限范围内维护试题库。

(4) 教师输入检索条件,检索试题库。

(5) 教师随机抽取试题集。

教师操作题库的用例图如图 10.11 所示。

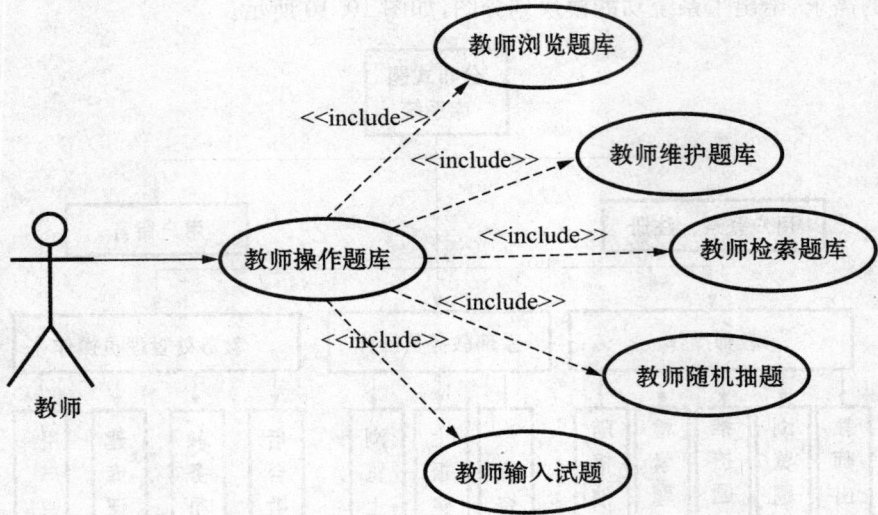

图 10.11 教师操作题库用例图

3）系部教务员模块

教务员在本系统中管理职责如下：

（1）审核教师资格并给老师授权。

（2）上报本系要建题的课程。

（3）浏览上报信息，根据教务处审核信息，采取下一步管理措施。

教务员管理题库的用例图如图 10.12 所示。

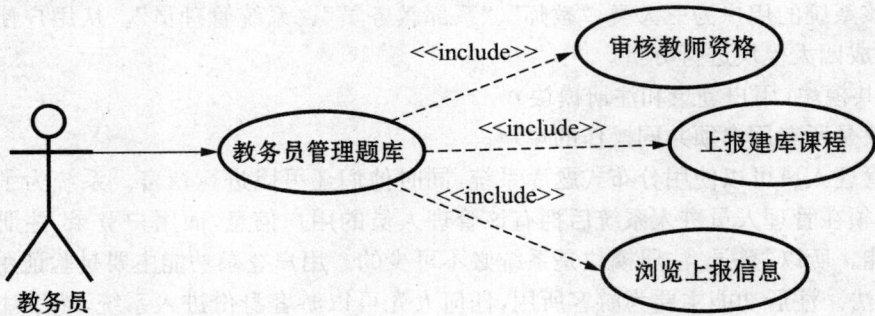

图 10.12 教务员管理题库用例图

4）系统管理员管理功能

系统管理员为教务处管理人员，其管理职责如下：

（1）审核系部教务员的资格并授权。

（2）审核上报课程，批准是否建题库。

（3）管理后台基础数据，如"系"、"专业"等数据。

（4）管理用户留言，如对过期的留言进行删除等。

系统管理员管理题库的用例图如图 10.13 所示。

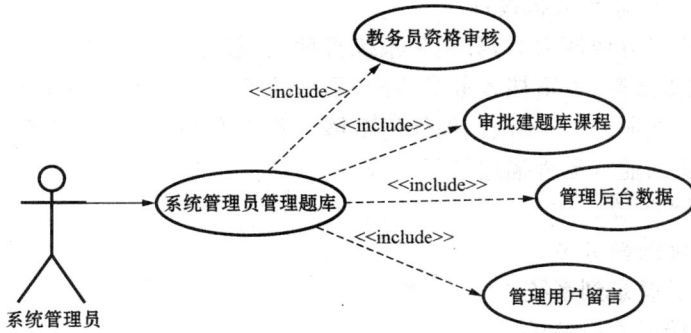

图 10.13　系统管理员管理题库用例图

10.6.3　项目业务流程分析

1) 系统总体业务流程设计

从现实管理出发,实际管理业务流程如下:

(1) 教务处发出建立题库通知。

(2) 教务员根据系部要求,上报建库课程。

(3) 教务处管理人员审查上报信息。

(4) 若审查不合格,教务员重新上报。

(5) 审查合格,教务员通知教师。

(6) 教师建立题库。

(7) 教师使用题库。

以上业务浏览用活动图描述如图 10.14 所示。

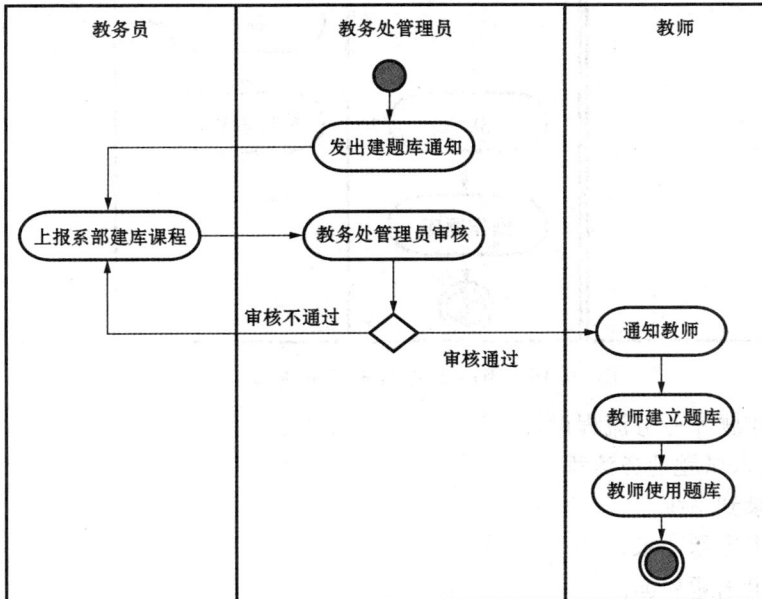

图 10.14　系统总体业务流活动图

2) 用户登录、注册业务流程设计

本系统中,用户可分成四大类,分别是系统管理员(教务处管理员)、系部教务员、教师、游客。系统管理权权限最高,可审核教务员身份;系部教务权权限次之,可审核教师身份;游客权限最低,除了能登录注册外,不能做其他任何事情。系统管理员与游客均有内置帐号。

用户登录、注册的业务流程描述如下:

(1) 游客登录到系统。

(2) 注册成教师或教务员。

(3) 系统管理员登录到系统。

(4) 系统管理授权给教务员。

(5) 教务员登录到系统。

(6) 教务员授权给教师。

(7) 教师登录到系统。

(8) 教师操作题库。

用户登录、注册业务流程的活动图描述如图 10.15 所示。

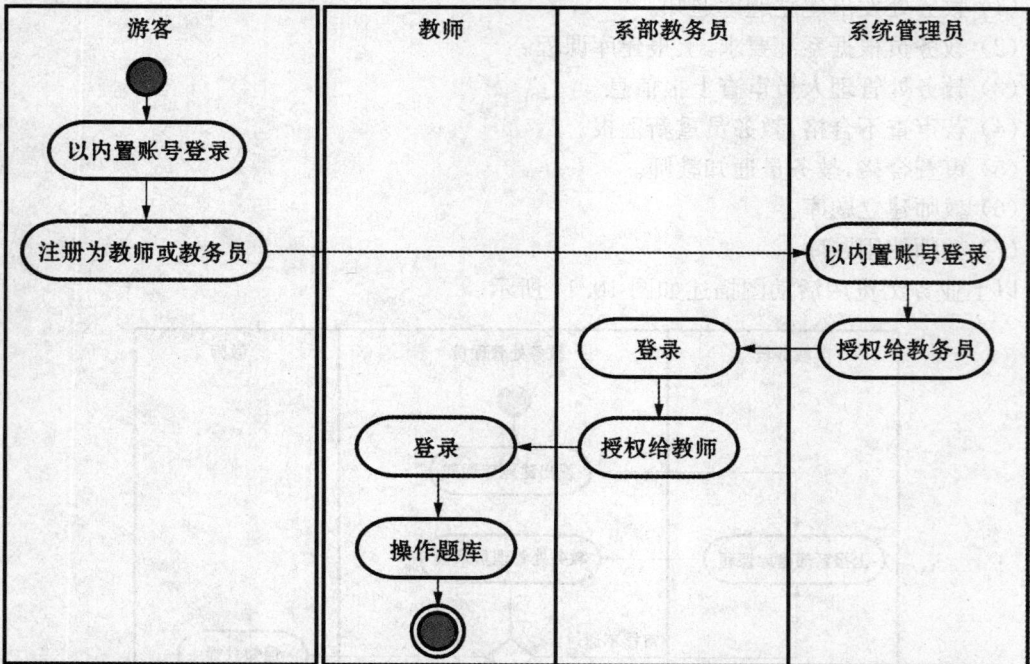

图 10.15　用户登录、注册业务流程的活动图

3) 教师操作题库业务流程设计

(1) 教师输入试题业务流程:

① 教师登录到系统。

② 教师提出出题要求。

③ 系统弹出出题界面。

④ 输入试题文本内容、试题考核点、试题答案。

⑤ 若有图像内容,则选择图形文件。

⑥ 提交试题。

⑦ 无论提交成功与否,系统均弹出对话告知教师。

⑧ 若要继续出题,则重复步骤③～⑥。

教师输入试题业务流程的活动图描述如图 10.16 所示。

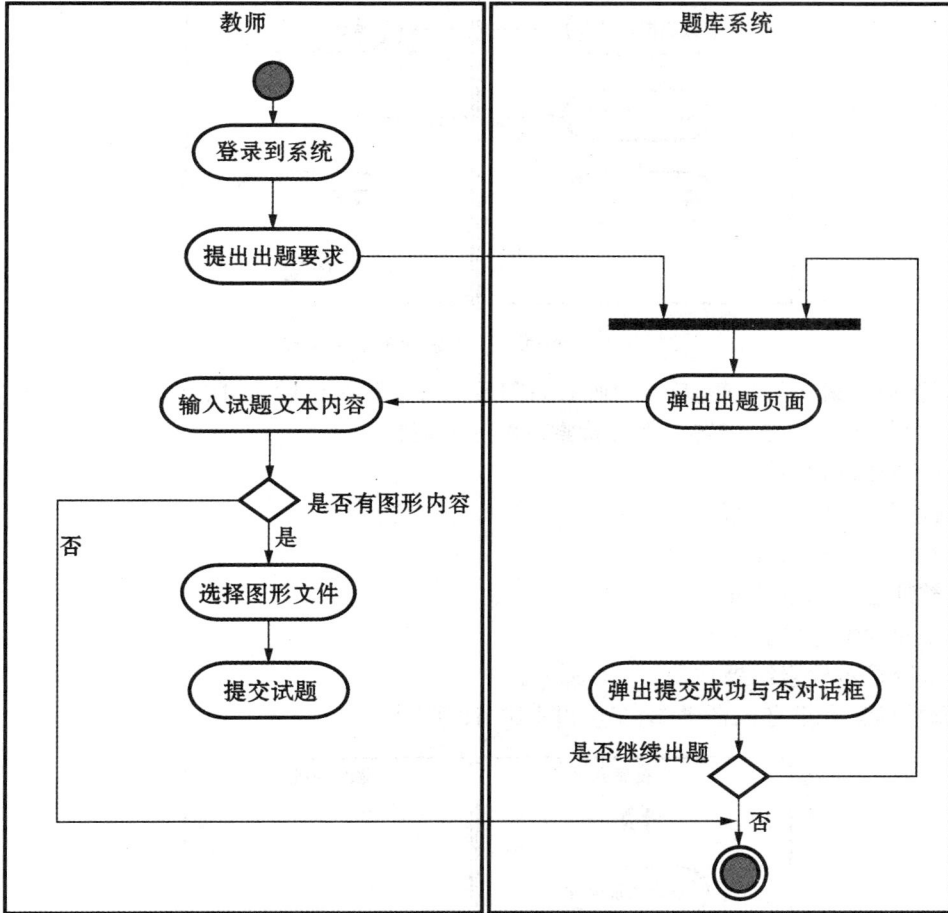

图 10.16   教师输入试题业务活动图

(2)教师浏览试题业务流程:教师有时需要输入某种条件后,一次性得到较多的试题信息,了解试题整体信息。教师浏览试题业务流程如下:

① 教师登录到系统。

② 教师提出浏览试题要求。

③ 系统弹出浏览界面。

④ 教师输入浏览条件。

⑤ 提交浏览条件。

⑥ 系统显示浏览结果。

教师浏览试题业务的活动图描述如图 10.17 所示。

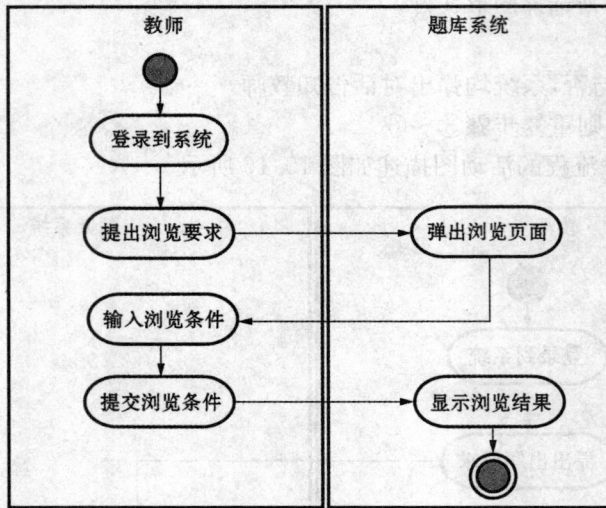

图 10.17　教师浏览试题业务的活动图

（3）教师检索试题业务流程：教师有时需要输入某种条件后，一次性只得到较少的试题信息，只了解局部试题信息内容。教师检索试题业务流程如下：

① 教师登录到系统。

② 教师提出检索试题要求。

③ 系统弹出检索界面。

④ 教师输入检索条件。

⑤ 提交检索条件。

⑥ 系统显示检索结果。

教师检索试题业务的活动图描述如图 10.18 所示。

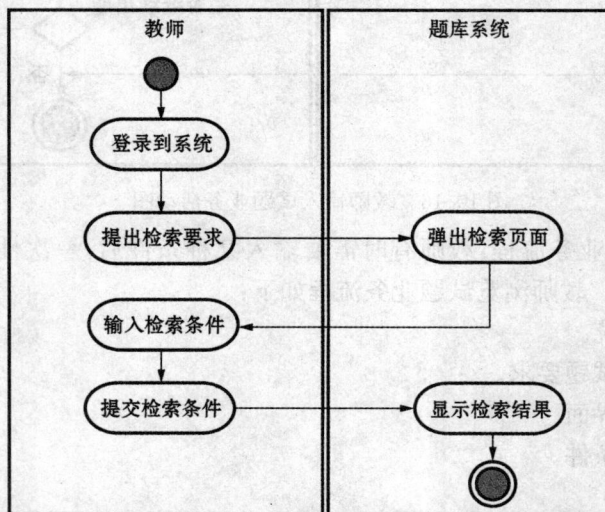

图 10.18　教师检索试题业务的活动图

（4）教师维护试题业务流程：教师维护试题业务流程如下：

① 教师登录到系统。

② 教师提出浏览或检索要求。

③ 系统弹出浏览或检索界面。

④ 教师输入浏览或检索条件。

⑤ 提交浏览或检索条件。

⑥ 系统显示浏览或检索结果。

⑦ 教师提交试题维护操作。

⑧ 试题弹出维护是否成功对话框。

⑨ 维护成功，刷新结果；不成功，显示结果维持现状。

教师维护试题业务流程的活动图描述如图 10.19 所示。

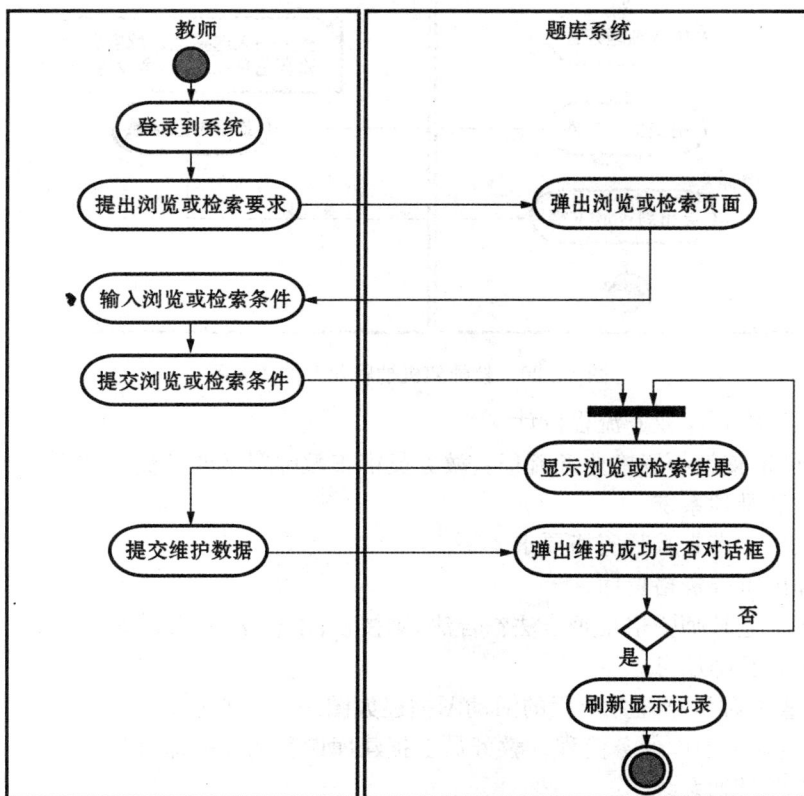

图 10.19   教师维护试题业务流程的活动图

（5）教师随机抽题业务流程。该系统规定：教师随机抽题的前提条件是，教师必须先输入抽取各种题型号多少道，提交该条件，即可抽题。

业务流程描述如下：

① 教师登录到系统。

② 教师提出抽题要求。

③ 系统弹出抽题界面。

④ 教师输入抽题条件。

⑤ 系统显示抽题结果。

⑥ 抽题结果导出到 Word 文档。

教师随机抽题业务的活动图描述如图 10.20 所示。

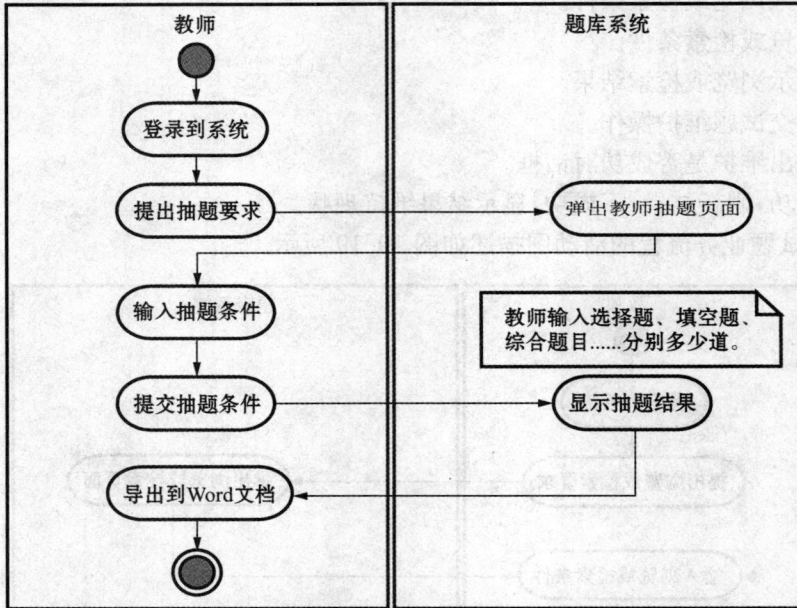

图 10.20　教师随机抽题业务的活动图

4）教务员操作题库业务流程设计

（1）教务员审查教师资格业务流程。教务员审查教师资格业务流程如下：

① 教务员登录到系统。

② 教务员提出审查教师资格要求。

③ 系统弹出审查资格页面。

④ 教务员审查教师资格是否合法？合法，则授权；不合法，则删除教师信息。

⑤ 系统刷新教师信息。

教务员审查教师资格业务流程的活动图描述如图 10.21 所示。

（2）教务员上报建库业务流程。教务员上报建库课程的业务流程如下：

① 教务员登录到系统。

② 教务员提出上报建库课程要求。

③ 系统弹出上报建库课程页面。

④ 教务录入课程信息。

⑤ 教务员提交课程信息。

⑥ 教务处管理员审核课程信息。

⑦ 教务员浏览上报信息。

⑧ 审核通过，教务员通知教师建库；审核不通过，教务员重新上报建库课程信息。

图 10.22 为教务员上报建库课程的业务流程的活动图。

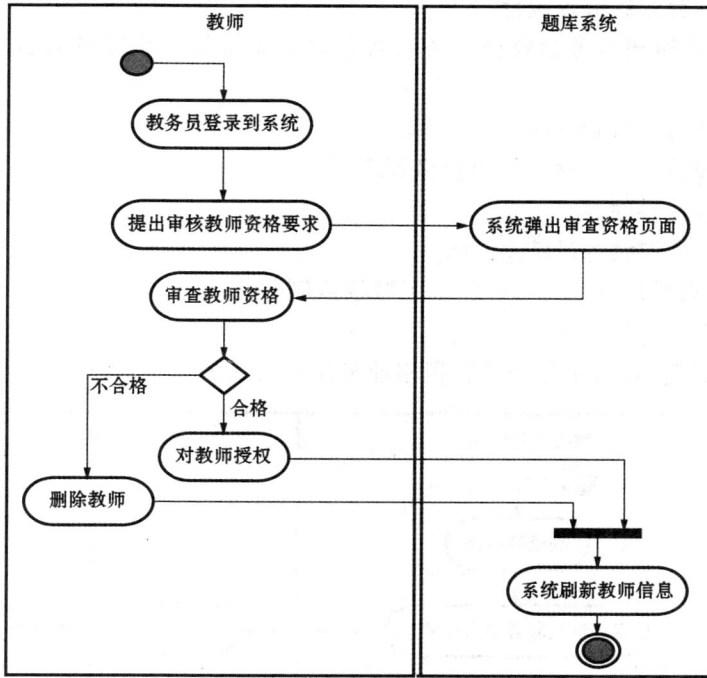

图 10.21 教务员审查教师资格业务流程的活动图

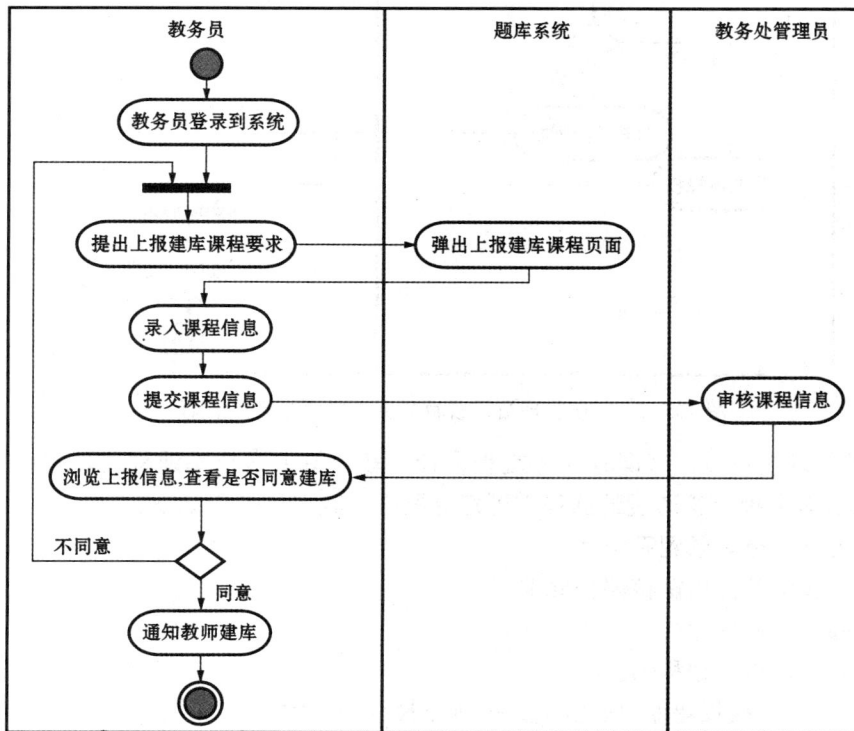

图 10.22 教务员上报建库课程的业务流程的活动图

5）系统管理后台业务流程设计

（1）系统管理员审核教务员资格业务流程设计。系统管理员审核教务员资格业务流程如下：

① 教务处管理员登录到系统。

② 教务处管理员提出审核教务员资格要求。

③ 系统弹出审核界面。

④ 系统管理员审核教务员信息。

⑤ 信息合法，则授权；信息不合法，则不授权或删除。

⑥ 系统刷新教务员信息。

图 10.23 为系统管理员审核教务员资格业务流程活动图。

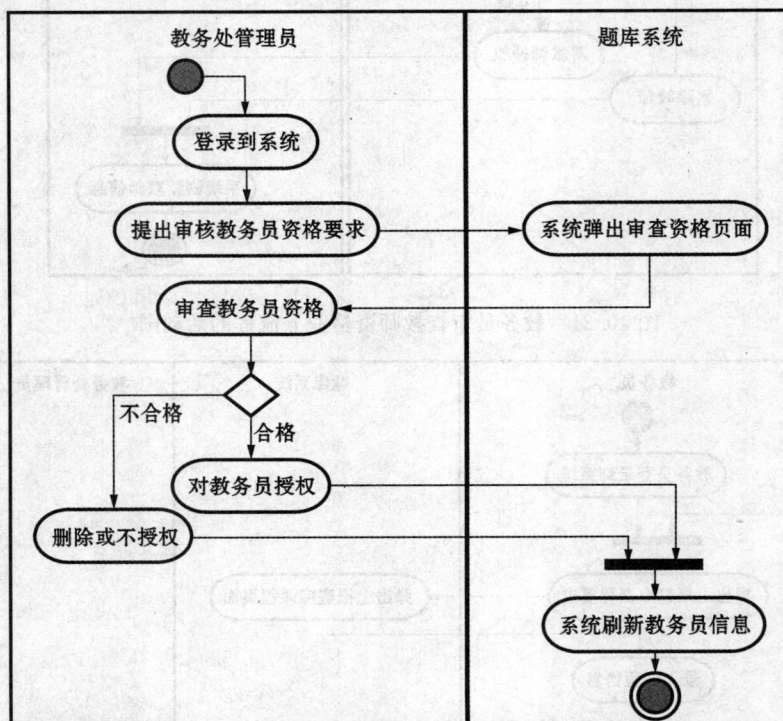

图 10.23　系统管理员审核教务员资格业务流程活动图

（2）系统管理员审核建库课程业务流程设计。教务员上报建库课程后，系统并不允许马上建题库，只有教务处审核通过的课程方可建立题库。其审核流程如下：

① 教务处管理员登录到系统。

② 教务处管理员提出审核课程要求。

③ 系统弹出审核界面。

④ 系统管理员审核课程信息。

⑤ 信息合法，则授权建库；信息不合法，则不授权或删除。

⑥ 系统刷新课程信息。

图 10.24 为系统管理员审核建库课程业务流程的活动图。

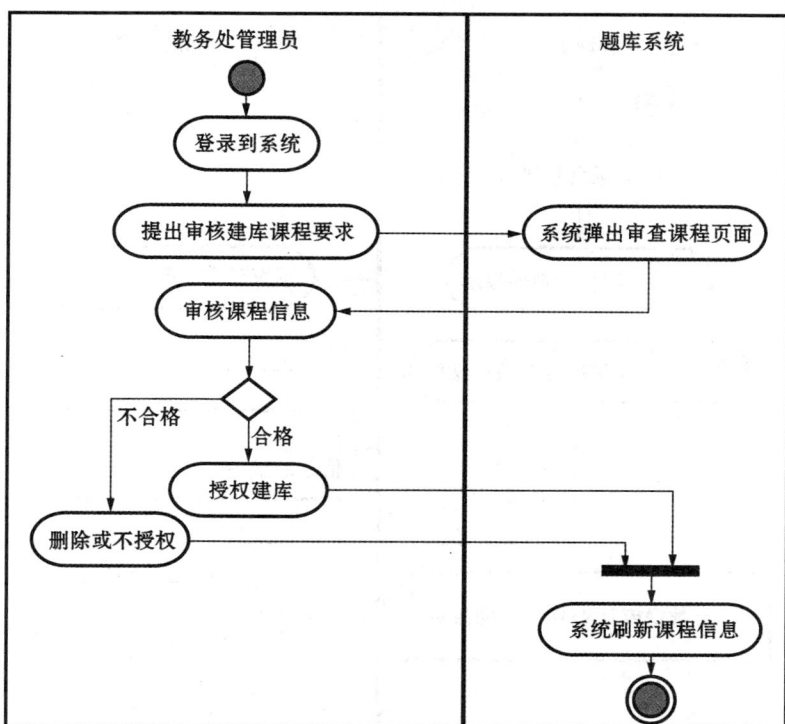

图 10.24　系统管理员审核建库课程业务流程的活动图

（3）系统管理员管理后台数据业务流程设计。这里所说的后台数据是一些基础性数据，如"系"、"专业"等实体的信息。该业务包括基础数据的输入、更新、删除等操作，其业务流程如下：

① 教务处管理员登录到系统。

② 教务处管理员提出管理后台数据要求。

③ 系统弹出管理后台数据界面。

④ 系统管理员进行后台数据维护。

⑤ 系统改写后台数据。

图 10.25 为系统管理员管理后台数据业务流程的活动图。

注：系统管理员可对"办学层次"、"系"、"专业"等实体进行插入、更新、删除操作。

（4）系统管理员管理留言业务流程设计。由于留言并不需要永久保存，所以，用户在 XML 文档中，该项管理模块成为单独管理模块。随着时间的推移，留言越来越多，过期的留言需要删除，该项工作由系统管理员完成。其具体流程如下：

① 教务处管理员登录到系统。

② 教务处管理员提出管理留言要求。

③ 系统弹出管理留言界面。

④ 系统管理员删除过期留言。

⑤ 系统刷新留言数据。

系统管理员管理留言业务流程的活动图描述如图 10.26 所示。

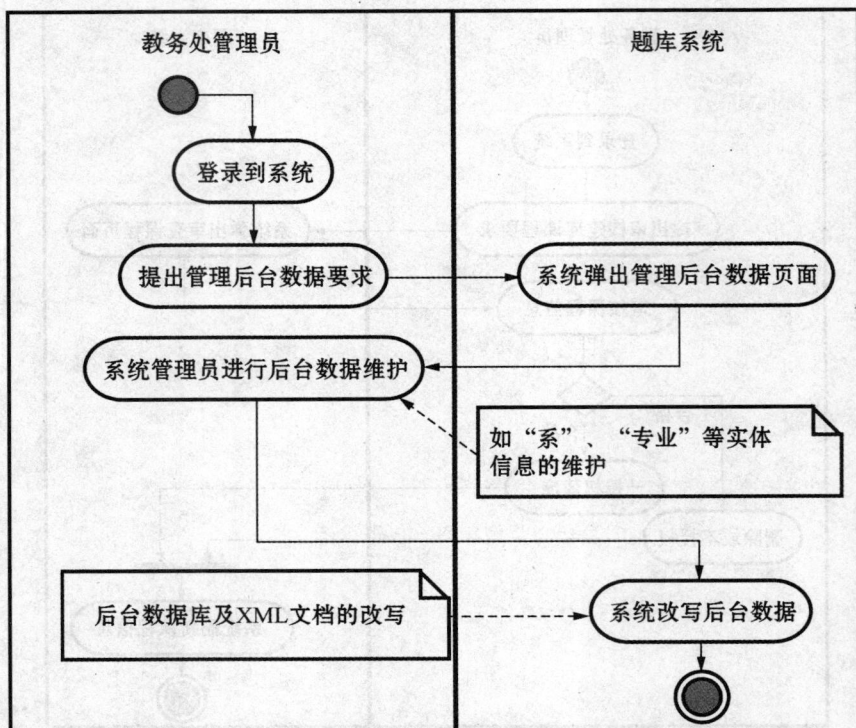

图 10.25　系统管理员管理后台数据业务流程的活动图

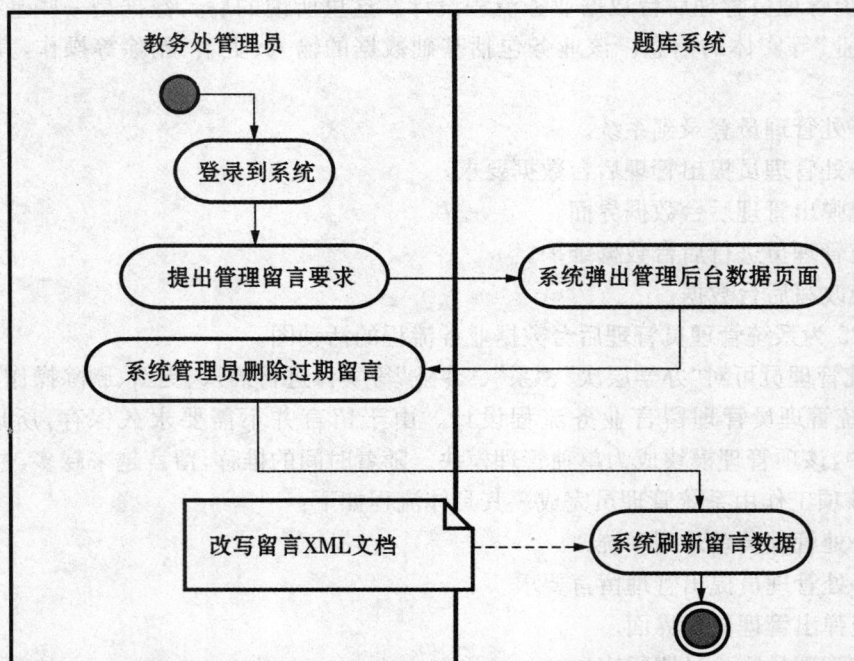

图 10.26　系统管理员管理留言业务流程的活动图

10.6.4 穷举业务实体

1) 穷举业务参与者实体

从业务流程活动图可知,业务参与者实体有:

(1) 游客。

(2) 教师。

(3) 教务员。

(4) 教务处管理员(系统管理员)。

(5) 题库系统

2) 穷举存储性业务流实体

从业务流程活动图可知,存储性业务流实体有:

(1) 系

(2) 专业。

(3) 办学层次。

(4) 试题。

(5) 建库课程。

(6) 教师权限。

(7) 教务员权限。

(8) 留言。

10.6.5 实体的最终确定

1) 实体名的确定

经归纳、综合后得到如下实体:

(1) 办学层次。

(2) 系。

(3) 专业。

(4) 用户类型。

(5) 用户(由"游客"、"教师"、"系统管理员"抽象而来)。

(6) 试题。

(7) 题库课程(建库课程)。

2) 实体属性的确定

(1) 办学层次属性:

① 层次号(唯一标识)。

② 层次名。

(2) 系属性:

① 系号(唯一标识)。

② 系名。

(3) 专业属性:

① 层次号。

② 系号。

③ 专业号(唯一标识)。

④ 专业名。

(4) 用户类型属性:

① 用户类型号(用户类型的唯一标识)。

② 用户类型名。

(5) 用户属性:

① 用户类型号。

② 用户名(管理员初始化需要,用户的唯一标识)。

③ 密码(管理员初始化需要)。

④ 姓名。

⑤ 性别。

⑥ 所在部门(对账号使用部门备案,以便日后管理)。

⑦ 审核(由教务员或系统管理员填写,其取值为:Null、"合法教师"、"非法教师"、"合法教务员"、"非法教务员")。

(6) 试题属性:

① 层次号。

② 系号。

③ 课程名。

④ 试题标识(试题的唯一标识)。

⑤ 出题人。

⑥ 试题类型。

⑦ 试题内容。

⑧ 图像路径(某些试题有图形元素,图像单独用文件保存)。

⑨ 考核知识点。

⑩ 答案。

(7) 建库课程属性:

① 层次号。

② 系号。

③ 课程名。

④ 审核(由系统管理填写,取值为:Null、"同意建库")。

3) 确定关系模式

根据以上实体名及实体属性,确定实体的关系模式如下。

(1) 办学层次(层次号,层次名)。

(2) 系(系号,系名)。

(3) 专业(系号,专业号,专业名)。

(4) 用户类型(用户类型号,用户类型名)。

(5) 用户(用户类型号,用户名,密码,姓名,性别,所在部门,审核)。

(6) 试题(层次号,系号,课程名,试题标识,出题人,试题类型,试题内容,图像路径,考核知识点,答案)。

（7）建库课程(层次号,系号,课程名,审核)。

4) 生成实体类图

根据以上确立的关系模式,各实体的类图建模如图 10.27 所示。

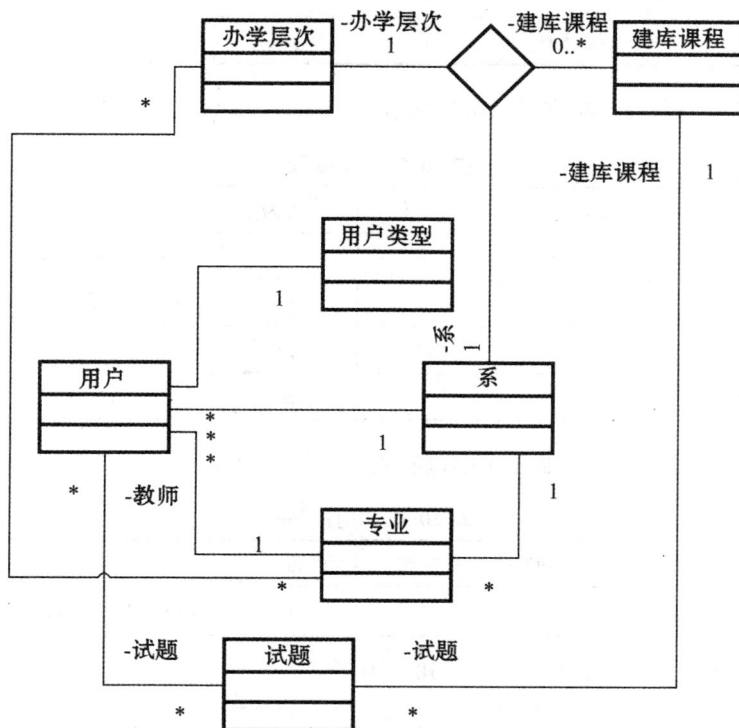

图 10.27 实体的类图

5) 数据库逻辑设计

根据实际需要,确定实体的逻辑结构如下。

（1）"用户类型"逻辑结构,如表 10.4 所示。

表 10.4 "用户类型"表

列 名	数据类型	长 度	可否为空	说 明
用户类型号	char	2	no	PRIMARY KEY
用户类型名	varchar	20	no	

（2）确定"系"逻辑结构,如表 10.5 所示。

表 10.5 "系"表

列 名	数据类型	长 度	可否为空	说 明
系号	char	2	no	PRIMARY KEY
系名	varchar	30	no	

（3）"专业"与"办学层次"有关，不妨先确定"办学层次"表，如表 10.6 所示。

表 10.6　"办学层次"表

列　名	数据类型	长　度	可否为空	说　明
层次号	char	1	no	PRIMARY KEY
层次名	varchar	8	no	

（4）确定"专业"逻辑结构，如表 10.7 所示。

表 10.7　"专业"表

列　名	数据类型	长　度	可否为空	说　明
系号	char	2	no	FOREIGN KEY
专业号	char	3	no	PRIMARY KEY
专业名	varchar	30	no	
层次号	char	1	no	FOREIGN KEY

（5）确定"用户"逻辑结构，如表 10.8 所示。

表 10.8　"用户"表

列　名	数据类型	长　度	可否为空	说　明
用户类型号	char	2	no	FOREIGN KEY
用户名	varchar	10	no	PRIMARY KEY、用户注册所得、系统管理员及游客用户名内置
密码	varchar	8	no	
姓名	varchar	8	yes	
性别	char	2	yes	
所在部门	varchar	50	no	由系名与专业名组合所得
审核	varchar	20	yes	由教务员或系统管理员填写，其取值为：Null、"合法教师"、"非法教师"、"合法教务员"、"非法教务员"

（6）确定"题库课程"逻辑结构，如表 10.9 所示。

表 10.9　"题库课程"表

列　名	数据类型	长　度	可否为空	说　明
层次号	char	1	no	FOREIGN KEY
系号	char	2	no	FOREIGN KEY
课程名	varchar	30	no	与层次号、系号组合作主键
审核	varchar	10	yes	由系统管理填写，取值为：Null、"同意建库"

（7）确定"试题"逻辑结构，如表 10.10 所示。

表 10.10 "用户"表

列 名	数据类型	长 度	可否为空	说 明
层次号	char	1	no	FOREIGN KEY
系号	char	2	no	FOREIGN KEY
课程名	varchar	30	no	
试题标识	varchar	30	no	PRIMARY KEY、由用户名与提交试题时间构成的组合字符串
出题人	varchar	10	no	
试题类型	varchar	20	no	取值为："选择题"、"判断题"、"填空题"、"综合题"
试题内容	text	16	no	
图像路径	varchar	100	yes	有些试题需配图,图像文件名上传到服务器后,与试题标识同名
考核知识点	text	16	no	
答案	text	16	yes	

10.7 基于三层结构的数据库设计需求分析

我们知道,三层结构包括表示层、逻辑层及数据层,前面所介绍的基于业务流程的数据库设计分析主要侧重表示层的业务。其实,业务活动不仅仅存在于表示层,在逻辑层、数据层也存在大量业务,对软件系统来说,所有的业务活动都是在处理信息,而某些信息正是信息实体的重要属性,所以,要确定实体的最终模式,就必须在三层结构模式下分析信息的处理过程。

10.7.1 显性信息与隐性信息

信息系统软件对信息的处理有些是显性的,有些是隐性的。

我们把用户在表示层输入的信息叫显性信息,把在逻辑层或数据层由系统产生的信息叫隐性信息。一般来说,显性信息直接面对表示层用户,隐性信息在输入时是不可见的。

下面举一个例子说明。

如某文件上传系统有如下操作流程：

（1）具有文件上传权限的操作人员输入用户名、密码登录到文件上传页面。

（2）用户输入文件名、上传地址。

（3）提交文件上传。

现假定上传的文件有唯一标识,而这一唯一标识的产生一般可由"用户名"及系统时间（格式为：yyyyMMddhhmmss；yyyy 四位代表年,MM 两位代表月,dd 代表日,hh 代表时,mm 代表分,ss 代表秒）组合而成,道理很简单,因为同一用户不可能在同一时间提交同一文件,那么"用户名"及系统时间（格式为：yyyymmddhhmmss）组合而成的混合字符串一定具有唯一性。

这里很明显,"文件标识"不是由用户输入的,而是由系统生成的,对表示层用户来说是不可见的,那么文件标识就是隐性信息,而"文件名"、"上传地址"是由用户直接输入的,对表示用户是可见的,所以是显性性信息。

10.7.2　在逻辑层处理隐性信息的例子

如某题库管理系统中用户要定义单项选择题,则很可能按如下思路进行:

(1) 用户输入用户名、密码登录到定义试题页面。

(2) 用户输入试题信息。

(3) 用户提交试题。

其中第(2)步用户输入的试题信息包括如下内容:

单项选择题的试题内容。

(1) 单项选择题的各选项内容。

(2) 本题答案。

(3) 分值。

假定每道题必须有唯一标识"题号",与前面介绍的办法一样,可以由"用户名"及系统时间(格式为:yyyymmddhhmmss)组合而成的混合字符串构成唯一标识,而这一唯一标识的产生是在逻辑层完成的。如果我们把"逻辑层"、"数据层"也看成系统对象的话,那么,在三层结构模式下,以上操作过程的业务流程可用活动图描述,如图 10.28 所示。

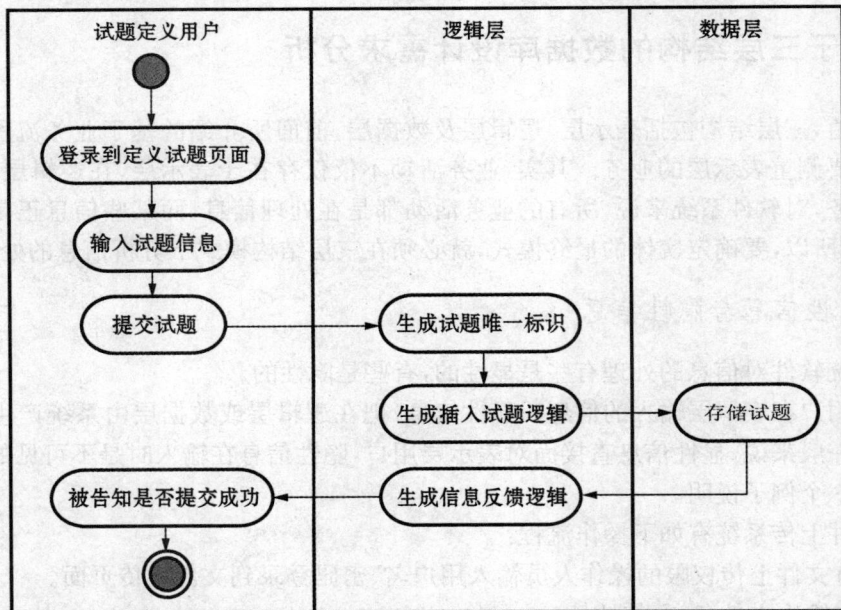

图 10.28　用户定义试题的活动图

很显然,试题唯一标识的生成是在逻辑层完成的,对定义试题的用户来说,其输入是不可见的,属于隐性信息,而试题标识是试题的重要属性之一。

综合看来,"单项选择题"这一信息实体的最终模式可确定如下:

单项选择题(试题标识,试题内容,选项内容,答案,分值)。

10.7.3 在逻辑层处及数据层处理隐性信息的例子

如某成绩管理系统中成绩录入员要完成成绩录入工作,则很可能采取如下模式:

(1) 成绩录入员登录到成绩录入页面。

(2) 成绩录入员选择"专业名"及"课程名",显示"课程号"。

(3) 成绩录入员选择班名,显示学生名单(含"学号"、"姓名")。

(4) 成绩录入员录入"成绩"。

(5) 提交成绩录入。

我们把以上操作过程放在三层结构模式下分析其业务活动,那么,其操作过程的业务流程可用活动图描述如图 10.29 所示。

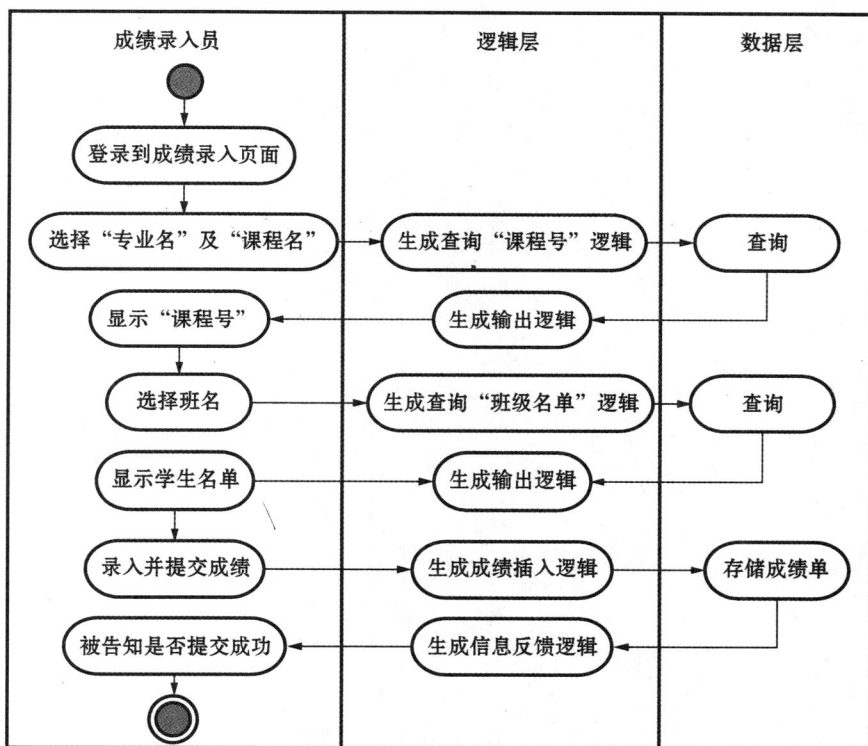

图 10.29　成绩录入的业务活动图

从图 10.29 可知,以上业务活动中逻辑层与数据层协同完成了两次查询,第一次查询的目的是为了获得"课程号",第二次查询的目的是为了获得"班级学生名单",这两次查询是为存储成绩单做准备的,成绩单中最终存储的信息是"课程号"、"学号"、"成绩"。对"课程号"、"学号"来说,并不是由用户在表示层输入得到的,而是由逻辑层及数据层处理得到的,所以,对"成绩单"来说,"课程号"、"学号"仍然是隐性信息,然而它们是"成绩单"的重要属性。

综合看来,"成绩单"这一信息实体的最终模式确定如下:

成绩单(课程号,学号,成绩)。

习题

（1）使用活动图来表示业务流程有何好处？

（2）业务参与者实体、业务流实体、存储性业务流实体、非存储性业务流实体分别指的是什么？

（3）业务实体可通过什么途径去挖掘？

11　视　图

本章要点

◆　使用视图的理由
◆　使用视图典型案例
◆　应用程序调用视图

11.1　为什么要使用视图

1) 定制用户数据,聚焦特定的数据

比如说,在实际过程中,公司有不同角色的工作人员,我们以销售公司为例,采购人员可以需要一些与其有关的数据,而与他无关的数据,对他没有任何意义,我们可以根据这一实际情况,专门为采购人员创建一个视图,以后他在查询数据时,只需运用"select ＊ from 采购视图"即可。

2) 简化数据操作

我们在使用查询时,在很多时候我们要使用聚合函数,同时还要显示其他字段的信息,可能还会需要关联到其他表,这时写的语句可能会很长,如果这个动作频繁发生的话,我们可以创建视图来简化数据操作,假定某视图 view1 已封闭了一个很复杂的查询,这以后,我们只需要"select ＊ from view1"即可。

3) 保护数据安全

视图是虚拟的,物理上是不存在的,其本质是对查询的封闭,我们可以将基表中重要的字段信息,可以不通过视图给用户。同时,用户对视图,不可以随意地更改和删除,可以保证数据的安全性。

4) 合并分离的数据

假定某公司的业务量不断扩大,下属设有很多分公司,为了管理方便,我们需要定期查看各公司业务情况,而分别看各个公司的数据很不方便,没有很好的可比性,这要求将这些数据合并到一个表格,这时我们就可以使用 union 关键字将各分公司的数据合并为一个视图。

11.2　使用视图的一个典型案例

11.2.1　案例背景

假定某高校成绩管理系统数据库定义了如下关系:

(1) 系(系号、系名)。

(2) 专业(系号、专业号、专业名)。

(3) 班(专业号、班号、班名)。

(4) 学生(班号、学号、姓名、性别)。

(5) 课程(课号、课名、专业号、学分、学期、性质)。

(6) 首次考试成绩(学号、课号、成绩)。

(7) 补考成绩(学号、课号、补考成绩、补考轮次)。

(8) 用户(用户名、密码、权限编号)。

(9) 权限(权限编号、权限名)。

现规定若某课程学生补考未及格,则该科学分记为 0,在这种情况下,求每个学生已取得学分的总和。

11.2.2 解决思路

要完成以上提出的问题,实现的查询比较复杂,这样可以分步走。

(1) 查询出补考不及格的记录。

(2) 查询出已及格的记录。

(3) 在(2)的基础上再求出学分总和。

所要用到的表有如下 4 个。

(1) 学生(班号、学号、姓名、性别)。

(2) 课程(课号、课名、专业号、学分、学期、性质)。

(3) 首次考试成绩(学号、课号、成绩)。

(4) 补考成绩(学号、课号、补考成绩、补考轮次)。

11.2.3 具体解决办法

1) 创建补考不及格视图

crente view 补考不及格。

select * from 补考成绩 where 成绩<60。

2) 创建"考试及格"视图

create view 考试及格。

select * from 首次考试成绩 where not(学号 in(select 学号 from 补考不及格))。

3) 创建"总学分"视图

create view 总学分。

select 学生,学号,学生. 姓名,sun(学分) from 学生。

inner join 考试及格 on 学生. 学号=考试及格. 学号。

inner join 课程 on 考试及格. 学号=课程. 课号。

group by 学生. 学号. 学. 姓名。

11.3 应用程序使用视图

可能有很多人并不知道,应用程序是可以调用视图的,像在 ADO. NET 中的 SQLDataAdapter

型对象就可以调用视图。

以下代码就是调用视图的例子。

假定我们要输出"pubs"数据库的"authors"的 au_id,au_fname 及 au_lnane 三列信息到应用程序界面,则可用如下设计来实现。

1) 在数据库服务端设计视图

```
create view view_authors
as
select au_id,au_fname,au_lname from authors
```

2) 应用程序调用视图

```
using System. Data. SqlClient;
string c_str="Data Source=. ;Initial Catalog=pubs;User ID=sa";
SqlConnection con=new SqlConnection(c_str);
con. Open();
SqlDataAdapter adp=new SqlDataAdapter("select * from view_authors", con);
System. Data. DataSet ds=new DataSet();
adp. Fill(ds,"t");
GridView1. DataSource=ds. Tables["t"];
GridView1. DataBind();
con. Close();
```

调用结果如图 11.1 所示。

图 11.1　调用视图实例

以上调用看似多此一举,但仍然有存在的理由。

(1) 假定 view_authors 封装了一个很复杂的查询,那么对程序员来说,调用视图很显然比编写复杂的嵌套查询要简单得多。

(2) 如果不调用视图,那么查询的实际内容就直接暴露在应用程序代码中,这增加了不安全因素。

习题

（1）简述使用视图的理由。

（2）在后台数据库中按如下关系模式创建表，设计 ASP. NET 应用程序调用后台视图实现统计输出各系男、女学生分别是多少。

① 系（系号、系名）。

② 专业（系号、专业号、专业名）。

③ 班（专业号、班号、班名）。

④ 学生（班号、学号、姓名、性别）。

12 存储过程

本章要点

◆ 使用存储过程的理由
◆ 应用程序调用存储过程
◆ 应用程序调用查询与调用存储过程的执行性能比较

12.1 为什么要使用存储过程

存储过程是由一些 SQL 语句和控制语句组成的被封装起来的过程,它驻留在数据库中,可以被客户应用程序调用,也可以从另一个过程或触发器调用。它的参数可以被传递和返回。与应用程序中的函数过程类似,存储过程可以通过名字来调用,而且它们同样有输入参数和输出参数。

根据返回值类型的不同,我们可以将存储过程分为三类:返回记录集的存储过程,返回数值的存储过程(也可以称为标量存储过程)以及行为存储过程。顾名思义,返回记录集存储过程的执行结果是一个记录集,典型的例子是从数据库中检索出符合某一个或几个条件的记录;返回数值的存储过程执行完以后返回一个值,例如在数据库中执行一个有返回值的函数或命令;最后,行为存储过程仅仅是用来实现数据库的某个功能,而没有返回值,例如在数据库中的更新和删除操作。

相对于直接使用 SQL 语句,在应用程序中直接调用存储过程有以下好处:

(1) 减少网络通信量。调用一个行数不多的存储过程与直接调用 SQL 语句的网络通信量可能不会有很大的差别,可是,如果存储过程包含上百行 SQL 语句,那么其性能绝对比一条一条的调用 SQL 语句要高得多。

(2) 执行速度更快。有两个原因:首先,在存储过程创建的时候,数据库已经对其进行了一次解析和优化;其次,存储过程一旦执行,在内存中就会保留一份这个存储过程,这样,下次再执行同样的存储过程时,可以从内存中直接调用。

(3) 更强的适应性。由于存储过程对数据库的访问是通过存储过程来进行的,因此数据库开发人员可以在不改动存储过程接口的情况下对数据库进行任何改动,而这些改动不会对应用程序造成影响。

(4) 分布式工作。应用程序和数据库的编码工作可以分别独立进行,而不会相互压制。[4]

12. 2   应用程序调用存储过程

12. 2. 1   调用无参数过程实例

1) 创建过程

在 SQL 服务器的 pubs 数据库中创建如下存储过程：

```
create proc au_proc
as
select * from authors
```

2) 应用程序调用存储过程

```
//第一种方式
con1. Open();
System. Data. SqlClient. SqlCommand com=new
System. Data. SqlClient. SqlCommand("au_proc",con1);
com. CommandType=CommandType. StoredProcedure;
DataGrid1. DataSource=com. ExecuteReader();
DataGrid1. DataBind();
com. Dispose();
con1. Close();
//第二种方式
con1. Open();
System. Data. SqlClient. SqlCommand com=new
System. Data. SqlClient. SqlCommand("EXECUTE au_proc",con1);
DataGrid1. DataSource=com. ExecuteReader();
DataGrid1. DataBind();
com. Dispose();
con1. Close();
//第三种方式
con1. Open();
System. Data. SqlClient. SqlCommand com=con1. CreateCommand();
com. CommandText="EXECUTE au_proc";
DataGrid1. DataSource=com. ExecuteReader();
DataGrid1. DataBind();
com. Dispose();
con1. Close();
```

调用效果如图 12. 1 所示。

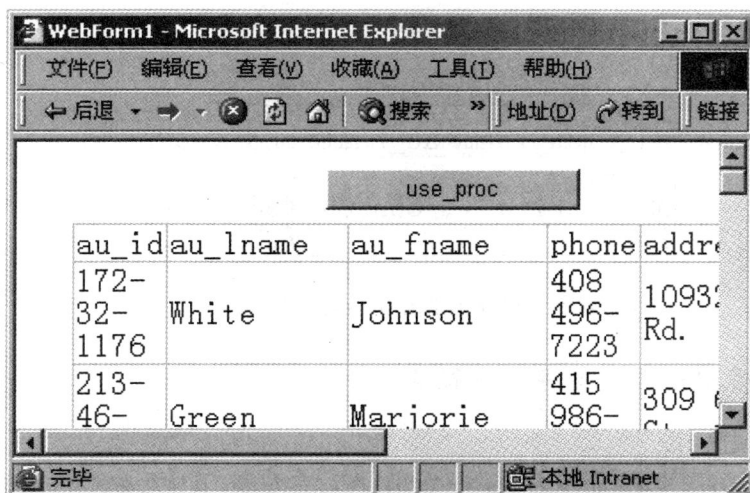

图 12.1　应用程序调用带无参数的存储过程

12.2.2　调用带输入参数的存储过程实例

1）创建过程

在 SQL 服务器的 pubs 数据库中创建如下存储过程。以下过程根据输入的"au_id"来查询一个作者。

```
create proc find_au
@au_id varchar(30)
as
select * from authors
where au_id like @au_id
```

2）应用程序调用存储过程

```
con1. Open();
System. Data. SqlClient. SqlCommand                       com=new
System. Data. SqlClient. SqlCommand("find_au",con1);
com. CommandType=CommandType. StoredProcedure;
com. Parameters. Add("@au_id",System. Data. SqlDbType. VarChar,30);
com. Parameters["@au_id"]. Value=TextBox1. Text;
DataGrid1. DataSource=com. ExecuteReader();
DataGrid1. DataBind();
com. Dispose();
con1. Close();
```

调用效果如图 12.2 所示。

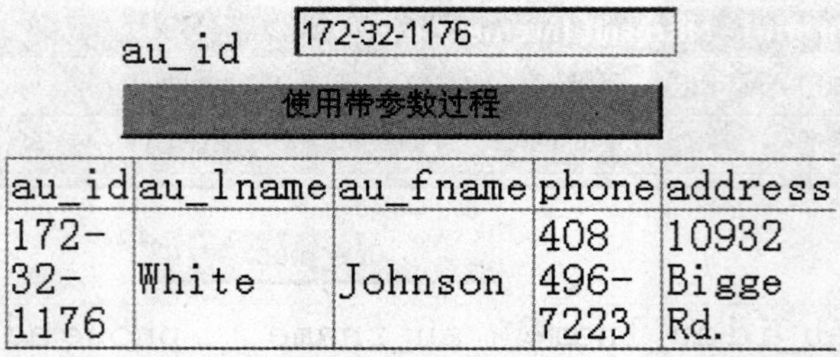

au_id   172-32-1176

使用带参数过程

au_id	au_lname	au_fname	phone	address
172-32-1176	White	Johnson	408 496-7223	10932 Bigge Rd.

图 12.2　应用程序调用带输入参数存储过程实例

12.2.3　调用带输出参数的存储过程实例

1）问题的提出

依据关系模式：用户表（用户名，密码，级别）在后台建表，其中"级别"可取值为"管理员"或"普通用户"；然后以"用户名"和"密码"作为入口参数建存储过程，若能检索到用户，则返回状态"1"并返回"级别"，若不能找到用户，则返回状态"0"。最后在前台调用该过程。

2）创建后台过程

```
CREATE PROCEDURE find_user
@name varchar(20),@psw varchar(20),@s char output,@p varchar(10) output
  AS
if exists (select * from 用户表 where 用户名 like @name and 密码 like @psw)
begin
select @s='1'
select @p=权限 from 用户表 where 用户名 like @name and 密码 like @psw
end
else
select @s='0'
GO
```

3）应用程序调用过程（VB. NET 实现）

```
Dim con1 As New System. Data. SqlClient. SqlConnection
Dim com1 As New System. Data. SqlClient. SqlCommand("find_user", con1)
con1. ConnectionString=Session("constr")
com1. CommandType=CommandType. StoredProcedure
com1. Parameters. Clear()
Dim p1 As New System. Data. SqlClient. SqlParameter("@name",
System. Data. SqlDbType. VarChar，20)
p1. Direction=ParameterDirection. Input
com1. Parameters. Add(p1)
Dim p2 As New System. Data. SqlClient. SqlParameter("@psw",
System. Data. SqlDbType. VarChar，20)
```

```
p2. Direction＝ParameterDirection. Input
com1. Parameters. Add(p2)
Dim p3 As New System. Data. SqlClient. SqlParameter("@s",
System. Data. SqlDbType. Char，1)
p3. Direction＝ParameterDirection. Output
com1. Parameters. Add(p3)
Dim p4 As New System. Data. SqlClient. SqlParameter("@p",
System. Data. SqlDbType. varChar，10)
p4. Direction＝ParameterDirection. Output
com1. Parameters. Add(p4)
p1. Value＝user_name_TextBox. Text
p2. Value＝psw_TextBox. Text
con1. Open()
com1. ExecuteReader()
    If p3. Value＝"0" Then
        Response. Write("登录失败,用户名或密码错误,请重新登录")
    Else
        Response. Redirect("当前用户级别是"＋p4)
    End If
    If con1. State＝ConnectionState. Open Then
        con1. Close()
    End If
```

12.3　应用程序发送查询与调用存储过程执行效率的比较

12.3.1　实验设计

假定对 SQL 服务器的 pubs 数据库中的 authors 表进行如下操作：

（1）应用程序发送"select ＊ from authors"查询到数据库服务器,然后将执行查询产生的行集充到内存表中。

（2）应用程序调用如下存储过程,然后将执行过程产生的行集填充到内存表中。

```
create proc sele_authors
as
select ＊ from authors
```

（3）对以上两种方法代码执行效率进行比较。

12.3.2　实例设计及执行效率比较

```
using System. Data. SqlClient;
public partial class _Default：System. Web. UI. Page
```

```
    {
        〔System. Runtime. InteropServices. DllImport("Kernel32. dll")〕
        static extern bool QueryPerformanceCounter(ref long count);
        〔System. Runtime. InteropServices. DllImport("Kernel32. dll")〕
        static extern bool QueryPerformanceFrequency(ref long count);

        protected void Button1_Click(object sender, EventArgs e)
        {
                long count=0;
                long count1=0;
                long freq=0;
                double result=0;
                QueryPerformanceFrequency(ref freq); //获得计数器时钟频率
                QueryPerformanceCounter(ref count); // 获得计数初始值
                for (int i=0; i < 1000; i++)//循环 1000 次,以提高测试精度
                {
                    string c_str="Data Source=. ;Initial Catalog=pubs;User ID=sa";
                    SqlConnection con=new SqlConnection(c_str);
                    con. Open();
                    SqlDataAdapter adp=new SqlDataAdapter("select * from authors", con);
                    System. Data. DataSet ds=new DataSet();
                    adp. Fill(ds);
                    con. Close();
                }
                QueryPerformanceCounter(ref count1); // 获得计数终止值
                count=count1 - count;
                result=(double)(count) / (double)freq;
                result=result / 1000;
                TextBox1. Text=result. ToString();
        }
        protected void Button2_Click(object sender, EventArgs e)
        {
            long count=0;
            long count1=0;
            long freq=0;
            double result=0;
            QueryPerformanceFrequency(ref freq); //获得计数器时钟频率
            QueryPerformanceCounter(ref count); // 获得计数初始值
            for (int i=0; i < 1000; i++)//循环 1000 次,以提高测试精度
```

```
        {
            string c_str="Data Source=. ;Initial Catalog=pubs;User ID=sa";
            SqlConnection con=new SqlConnection(c_str);
            con. Open();
            SqlDataAdapter adp=new SqlDataAdapter("sele_authors", con);
            System. Data. DataSet ds=new DataSet();
            adp. Fill(ds);
            con. Close();
        }
        QueryPerformanceCounter(ref count1); // 获得计数终止值
        count=count1 — count;
        result=(double)(count) / (double)freq;
        result=result / 1000;
        TextBox2. Text=result. ToString();
    }
}
```

图 12.3 为以上两种方案的代码用时情况。

图 12.3　代码用时情况

从图 10.3 可知,两种方案的用时非常接近,但调用存储过程的代码执行效率稍差,这是因为应用程序向数据库服务器传送的是过程名,数据库服务在根据过程名查找过程时需耗费一些时间。尽管存储过程在后台的执行效率高于执行查询语句,但这并不意味着应用程序调用存储过程就一定有较高的效率。

习题

（1）简述使用存储过程的理由。

（2）在后台数据库按关系模式:设计学生(学号、姓名、性别)创建表并创建实现记录插入、更新、删除的存储过程,然后设计 ASP. NET 应用程序调用存储实现记录插入、更新、删除操作。

13　数据库与 XML 的数据交换

13.1　XML 数据存储到数据库的设计

XML 不仅为 Web 数据库带来了结构化、智能化和互操作性，并且 XML 可以作为应用之间存储、转换和传递数据的有效手段[5]。同时，XML 在异构系统之间的通信中起着重要的桥梁作用。假定 A 系统与 B 系统是异构系统，若 A 与 B 数据库要进行批量数据交换，则可采用如下步骤。

（1）从 A 系统的数据库中提取需交换的数据并存储到 XML 文档。

（2）将缓存在 XML 文档中的数据存储到 B 系统指定的数据库中。

本章针对第（2）步研究基于.NET 平台下的 XML 数据存储到数据库的两种典型设计方案并进行比较分析。

13.1.1　XML 数据存储到数据库的方案

1）方案（一）（基于数据集的方案）

所谓基于数据集的方案，就是利用数据集将 XML 文档变成内存表，再将内存表转储到数据库。

具体思路如下：

（1）利用数据集（DataSet）对象，读取 XML 文档并生成内存表。

（2）创建适配器（SqlDataAdapter）对象并与数据库表建立关联。

（3）由适配器调用 update 方法，将内存表中的数据插入到数据库表中。

2）方案（二）（基于 DOM 的方案）

DOM 即文档对象模型。DOM 的工作方式是：首先将 XML 文档一次性地装入内存，然后对文档进行解析，根据文档中定义的元素、属性、注释和处理指令等不同内容进行分解，以"结点树"的形式在内存中创建 XML 文件表示，也就是一个文档对象模型[6]。

所谓基于 DOM 的方案，就是先将 XML 以"结点树"的形式装入内存，再调用专用存储过程将"结点树"存入数据库中。

具体思路如下：

（1）利用 XMLDocument 型对象装载 XML 文档到内存并生成"结点树"。

（2）调用 SQL Server 的系统存储过程 sp_xml_preparedocument 将"结点树"存储到数据库服务器的缓存中。

（3）调用系统函数 openxml 让缓存中的 XML 数据可进行查询操作。

（4）通过查询将缓存中的 XML 数据形成行集。

（5）将行集插入到数据库表中。

13.1.2 XML 数据存储到数据库的方案实现实例

13.1.2.1 准备 XML 文档、数据库表及存储过程

1) 准备 XML 文档

准备如下 XML 文档(假定该文档对应的文件名为"student. xml"):

〈?xml version＝"1. 0" encoding＝"utf－8" ?〉
〈studs〉
　〈stud〉
　　〈s_no〉001〈/s_no〉
　　〈s_name〉刘一〈/s_name〉
　　〈s_sex〉男〈/s_sex〉
　〈/stud〉
　〈stud〉
　　〈s_no〉002〈/s_no〉
　　〈s_name〉李二〈/s_name〉
　　〈s_sex〉男〈/s_sex〉
　〈/stud〉
〈/studs〉

2) 准备数据库表

在 pubs 数据库中按如下方式创建表:

create table stud

(s_no char(3) primary key,s_name varchar(8),s_sex char(2))

3) 准备存储过程

要实现方案(二),还须在 pubs 数据库中按如下方式创建存储过程:

```
create proc add_new_stud @xmldoc ntext
    as
begin
    declare @t as int
    exec sp_xml_preparedocument @t output,@xmldoc
    insert into publishers(s_no,s_name)
    select s_no,s_name
    from openxml(@t,'/studs/stud',2)
    with ( s_no char(3), s_name varchar(8),s_sex char(2) )
     exec sp_xml_removedocument @t
    end
```

13.1.2.2 实现将 XML 数据存储到数据库表

在准备好以上 XML(student. xml)文档及数据库表(stud)后,现分别按方案(一)、方案(二)实现将 XML(student. xml)数据存储到数据库表(stud)。

1）方案（一）的实现实例（C♯. NET 实现）

```
string c_str="Data Source=. ;Initial Catalog=pubs;User ID=sa";
SqlConnection con=new SqlConnection(c_str);
con. Open();
SqlDataAdapter adp=new SqlDataAdapter("select * from stud", con);
SqlCommandBuilder sb=new SqlCommandBuilder(adp);
System. Data. DataSet ds=new DataSet();
ds. ReadXml(Request. PhysicalApplicationPath + "student. xml");
adp. Update(ds. Tables[0]);
con. Close();
```

2）方案（二）的实现实例（C♯. NET 实现）

```
System. Xml. XmlDocument xdoc=new System. Xml. XmlDocument();
xdoc. Load(Request. PhysicalApplicationPath + "student. xml");
string c_str="Data Source=. ;Initial Catalog=pubs;User ID=sa";
SqlConnection con=new SqlConnection(c_str);
con. Open();
SqlCommand com=new SqlCommand("add_new_stud", con);
com. CommandType=System. Data. CommandType. StoredProcedure;
System. Data. SqlClient. SqlParameter p=new SqlParameter("@xmldoc", System.
Data. SqlDbType. NText);
p. Direction=System. Data. ParameterDirection. Input;
p. Value=xdoc. SelectSingleNode("//studs"). OuterXml;
com. Parameters. Add(p);
com. ExecuteNonQuery();
con. Close();
```

13. 1. 3　两种方案的性能测试

代码的执行性能可通过测试代码执行耗时情况来反映,要测试代码执行精确用时,可调用 API 函数 QeryPerformanceFrequency 及 QueryPerformanceCounter 来实现。

具体测试代码如下：

```
long count=0;
long count1=0;
long freq=0;
double result=0;
QueryPerformanceFrequency(ref freq);//获得计数器时钟频率
QueryPerformanceCounter(ref count);//获得计数器的第一个值
//被测试的代码
QueryPerformanceCounter(ref count1);// 获得计数器的第二个值
count=count1 - count;//计数器两次计值相减
```

$result=(double)(count) / (double)freq;$[7]

这里所得的 result 值就是被测试的代码的精确用时。

用以上方法分别对方案(一)、方案(二)的实现代码进行耗时测试,得到的测试结果如图13.1 所示。

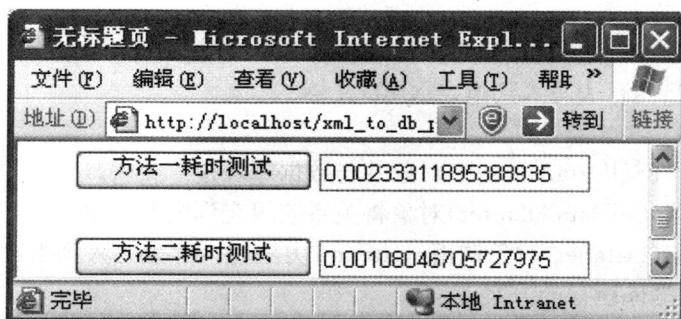

图 13.1　两种方案耗时测试结果

13.1.4　两种设计方案的综合比较

从以上分析可知,XML 数据存储到数据库可采用基于数据集的方案,也可采用基于DOM 的方案,经对比,这两种方案各有优缺点,其具体情况如表 13.1 所示。

表 13.1　XML 数据存储到数据库的两种设计方案比较

设计方案	需借助的对象	调用专用存储过程	调用专用函数	对数据表字段的依赖	设计难度	代码性能
基于数据集的方案	SqlConnection 对象、SqlDataAdapter 对象、SqlCommandBuilder 对象、DataSet 对象	无需调用	无需调用	无需明确数据表字段的数据类型	较容易	差于第二种方案
基于 DOM 的方案	SqlConnection 对象、XmlDocument 对象、SqlCommand 对象、SqlParameter 对象	需调用 sp_xml_preparedocument 及 sp_xml_removedocument	需调用 openxml	Openxml 函数需明确数据表字段的数据类型	较难	优于第一种方案

13.2　关系数据库表转换为 XML 文档的方案设计及比较分析

由于 XML 是一种元标记语言,它可以应用于任意的平台之上,因此它具有同 Java 等一样跨平台的特性,XML 的这种特性为异构数据的交换提供了一种数据交换标准。XML 不仅为Web 数据库带来了结构化、智能化和互操作性,并且 XML 可以作为应用之间存储、转换和传递数据的有效手段。

不妨假定 A 系统与 B 系统是异构系统且 A 系统中的数据库 DB_A 与 B 系统中的数据库DB_B 是异构数据库,若 DB_A 与 DB_B 要进行批量数据交换,则可按如下步骤进行。

第一步:从 A 系统的 DB_A 数据库中提取需交换的数据并存储到 XML 文档。

第二步:将缓存在 XML 文档中数据存储到 B 系统指定的 DB_B 数据库中。

本文针对第一步研究基于.NET 平台下的关系数据库表转换成 XML 文档的两种典型设计方案并进行比较分析。

13.2.1 关系数据库表转换为 XML 文档的方案设计

1）基于数据集的方案

所谓基于数据集的方案,就是先将关系表转换为数据集（DataSet）对象可操作的内存表,再利用数据集对象将内存表写入到指定 XML 文档。

具体思路如下:

（1）创建适配器（SqlDataAdapter）对象并与数据库表建立关联。

（2）利用适配器（SqlDataAdapter）对象将关系表填充到内存表中。

（3）利用数据集（DataSet）对象调用 writexml 方法将内存表写入到指定 XML 文档。

2）基于读取数据库缓存的方案

所谓读取数据库缓存的方案,就是先由查询生成 XML 流形式的数据并存放在数据库缓存中,再从缓存中读取 XML 流形式的数据并写入到指定 XML 文档中。

具体思路如下:

（1）创建 SqlCommand 类型对象并与要转换成 XML 文档的关系表建立关联。

（2）调用 SqlCommand 类型对象的 ExcuteXmlReader 方法生成 XmlReader 类型对象。

（3）创建可对指定 XML 文档进行写操作的 StreamWrite 类型对象。

（4）由 XmlReader 类型对象从数据库缓存中读取 XML 流形式的数据并由 StreamWrite 类型对象写入指定的 XML 文档中。

13.2.2 关系数据库表转换为 XML 文档的方案实现

1）准备数据库表

在 pubs 数据库中按如下方式创建表:

create table student

(s_no char(3) primary key,s_name varchar(8),s_sex char(2))

然后在 student 表中插入若干条记录供测试用。

2）实现将以上关系表转换成 XML 文档

在准备好关系表（student）后,分别按以上两种方案将关系表（student）的数据转换成 XML 文档（student. xml）来存储。

3）基于数据集的方案实现实例（C#. NET 实现）

```
string c_str = "Data Source =. ; Initial Catalog = pubs; User ID = sa; Password =
1010";
SqlConnection con = new SqlConnection(c_str);
con. Open();
SqlDataAdapter adp = new SqlDataAdapter("select * from student", con);
System. Data. DataSet ds = new DataSet();
ds. DataSetName = "students";
adp. Fill(ds,"学生");
```

```
ds. WriteXml(Request. PhysicalApplicationPath + "student. xml");
con. Close();
```

4）基于读取数据库缓存的方案实现实例（C♯. NET 实现）

```
string c_str="Data Source=. ; Initial Catalog=pubs; User ID=sa; Password=1010";
SqlConnection con=new SqlConnection(c_str);
con. Open();
SqlCommand com=new SqlCommand("select * from student for xml auto, elements", con);

System. Xml. XmlReader rd;
rd=com. ExecuteXmlReader();
System. IO. StreamWriter wr = new System. IO. StreamWriter ( Request. PhysicalApplicationPath + "student. xml");
wr. WriteLine("〈?xml version='1. 0' encoding='utf-8' ?〉");
wr. WriteLine("〈students〉");
while (rd. IsStartElement())
    wr. WriteLine(rd. ReadOuterXml());
wr. WriteLine("〈/students〉");
rd. Close();
wr. Close();
con. Close();
```

代码中的"〈?xml version="1. 0" encoding="utf-8" ?〉"是 XML 文档中的处理指令。处理指令是包含在 XML 文档中的一些命令性语句,目的是告诉 XML 处理一些信息或执行一定动作。例如,想要通知 XML 解析器某篇 XML 文档所使用的编码字符集,或是要通知 XML 解析器有关 XML 的版本信息等,都必须通过处理指令来实现[8]。

13.2.3　两种方案的实现代码执行性能测试及比较

代码的执行性能可通过测试代码执行耗时情况来反映,要测试代码执行精确用时,可调用 API 函数 QueryPerformanceFrequency 及 QueryPerformanceCounter 来实现。

具体测试代码如下:

```
long count=0;
long count1=0;
long freq=0;
double result=0;
QueryPerformanceFrequency(ref freq); //获得计数器时钟频率
QueryPerformanceCounter(ref count); //获得计数器的第一个值
//被测试的代码
QueryPerformanceCounter(ref count1); // 获得计数器的第二个值
count=count1 - count; //计数器两次计值相减
```

result＝(double)(count) / (double)freq;

这里所得的 result 值就是被测试的代码的精确用时。

用以上方法分别对以上两种方案的实现代码进行耗时测试,得到的测试结果如图 13.2 所示。

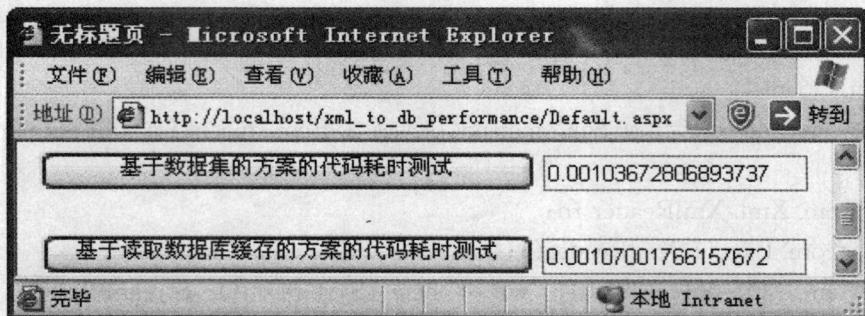

图 13.2　两种方案实现代码耗时测试结果

从图 13.2 的测试结果看,两种方案的实现代码执行效率几乎相当。

13.2.4　两种设计方案生成的 XML 文档格式比较

图 13.3 是基于数据集的方案生成的 XML 文档格式,图 13.4 是基于读取数据库缓存的方案生成的 XML 文档格式。

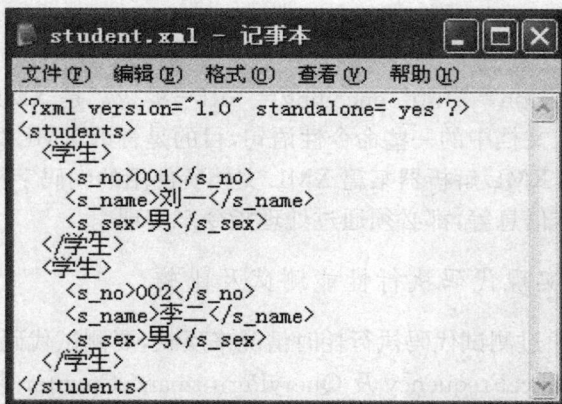

图 13.3　基于数据集的方案生成的 XML 文档格式

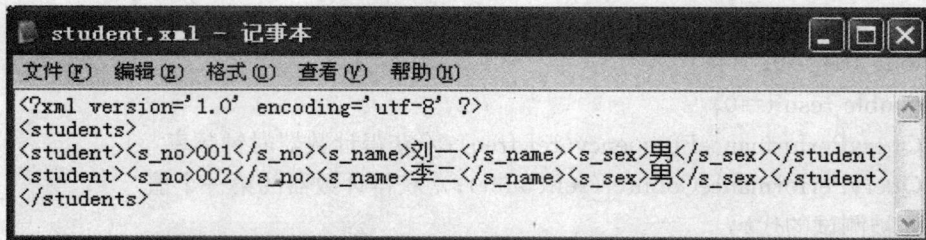

图 13.4　基于读取数据库缓存的方案生成的 XML 文档格式

从生成的 XML 文档格式来看,两种设计方案所生成的 XML 文档均具有良好的可读性,但基于数据集的方案生成的 XML 文档格式具有更好的可读性。

13.2.5 两种设计方案的综合比较

从以上分析可知,关系数据库表转换为 XML 文档可采用基于数据集的方案,也可采用基于读取数据库缓存的方案来实现,经对比,这两种方案各有优缺点,其具体情况如表 13.2 所示。

表 13.2 关系数据库表转换为 XML 文档的两种设计方案比较

方案序号	设计方案	需借助的对象	XML 文档的可读性	是否要求声明 XML 专用处理指令	对 XML 结点名称处理的自由度	代码执行性能
一	基于数据集的方案	SqlConnection 类型对象、SqlDataAdapter 类型对象、DataSet 类型对象	良好,相对第二种方案具有更好的可读性	无需声明	可自由定义根结点及根结点一级子结点的名称	与第二种方案几乎相当
二	基于读取数据库缓存的方案	SqlConnection 类型对象、SqlCommand 类型对象、XmlReader 类型对象、StreamWriter 类型对象	良好	需声明 XML 处理指令。如"⟨?xml version＝' 1.0 ' encoding＝' utf-8' ?⟩"	可自由定义根结点名称;但根结点一级子结点的名称不能自定义	与第一种方案几乎相当

13.2.6 结论

从表 13.2 的综合比较来看,可得出如下结论:

(1) 第一种方案调用的对象少于第二种方案。

(2) 两种设计方案所生成的 XML 文档均具有良好的可读性,但基于数据集的方案生成的 XML 文档具有更好的可读性。

(3) 第二种方案需声明 XML 专用处理指令。

(4) 第一种方案对 XML 结点名称的处理具有更好的自由度。

(5) 两种方案的代码执行性能相当。

习题

(1) 简述 XML 数据存储到数据库的两种设计方案的优缺点。

(2) 简述关系数据库表转换为 XML 文档的两种设计方案的优缺点。

(3) 某网站后台数据采用 ACCESS 存储,另一网站后台采用 SQL Server 存储,设计一种方案实现这两个站点后台数据的相互交换。

14 信息系统设计案例

14.1 编写需求说明书

系统设计需求说明书

(Requirements Specification)

系统名称:人事招聘测评系统(Human Resource Assessment System)

系统简称:HRAS

版本号:2

文档编号:HRAS_RS_2

文档编辑:刘兵

需求叙述:张军

编辑时间:2010 年 1 月 27 日

1) 编写目的

此需求规格说明书对《人事招聘测评系统》软件做了全面细致的用户需求分析,明确所要开发的软件应具有的功能,使系统分析人员及软件开发人员能清楚地了解用户的需求,并在此基础上进一步完成业务流程设计、数据库设计以及完成后续设计与开发工作。本说明书的预期读者为客户、业务或需求分析人员、开发人员、测试人员、用户文档编写者、项目管理人员。

2) 项目背景

人事招聘一直是民办学校一项长期的日常工作,大多数民办学校对应聘人员的信息登记及基本能力考核仍然停留在手工操作阶段,这不仅浪费大量纸张,同时,对后续的信息检索也带来了不少麻烦,随着时间的推移,由于资料的堆积,相应管理人员的管理难度也在加大。然而,信息化软件管理手段将有效解决现有管理方式所面临的问题,人事招聘测评系统正是针对解决以上问题而开发的。

3) 运行环境

(1) Windows 平台。

(2) ASP. NET 2.0。

(3) SQL SERVER 2000。

4) 硬件需求

服务配置需满足以下条件:

(1) CPU:2.6 GHZ 以上。

(2) 内存:2 G 以上。

(3) 硬盘:800 G 以上。

5）用户类型需求

本系统只限于两类用户使用，分别是：

（1）人事处管理员。

（2）应聘人员。

6）软件架构需求

（1）三层 C/S 结构。

（2）零客户端（无须安装客户端软件）。

7）软件接口需求

暂无。

8）性能需求

（1）时间特性。一般操作的响应时间应在 1～2 秒内。

（2）适应性。满足广东白云学院人事处使用即可。

9）用户界面

用户操作界面应尽可能符合实际工作流程习惯。

10）功能需求

14.1.1 总体功能划分

从用户使用软件的角度看，系统功能划分如图 14.1 所示。

本系统的语境建模如图 14.2 所示。

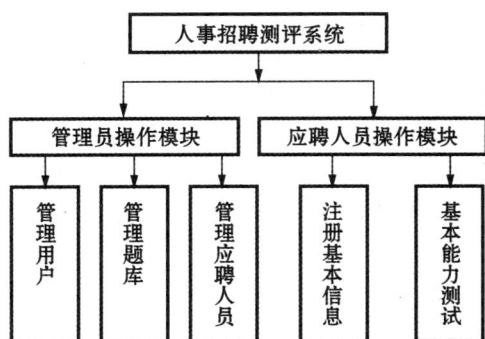

图 14.1 总体功能划分

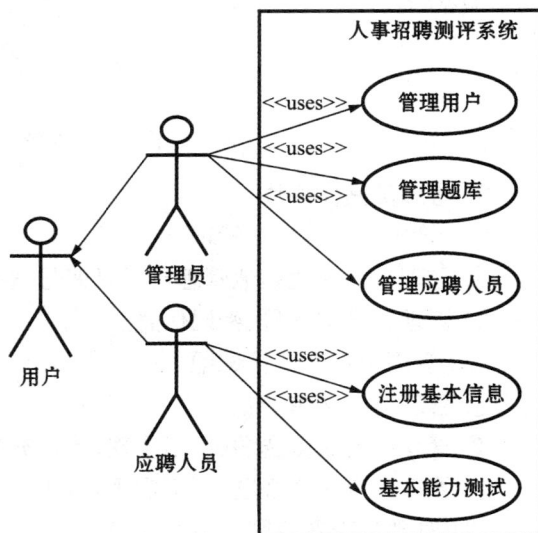

图 14.2 人事招聘测评系统语境建模

14.1.2 具体功能划分

1）应聘人员操作模块

（1）应聘人员注册基本信息。

① 应聘人员输入给定的账号、密码进入应聘人员操作页面。

② 应聘人员应能录入广东白云学院所规定的"应聘人员登记表"中所规定的所有信息(相片及电子签名除外)。

③ 应聘可以浏览已录入的自身信息。

④ 应聘可以更新已录入的自身信息。

(2) 应聘人员基本能力测评。

① 应聘人员可通过输入身份证号进入测评页面。

② 应聘人员可按操作提示进行能力测试。

该功能模块的用例如图 14.3 所示。

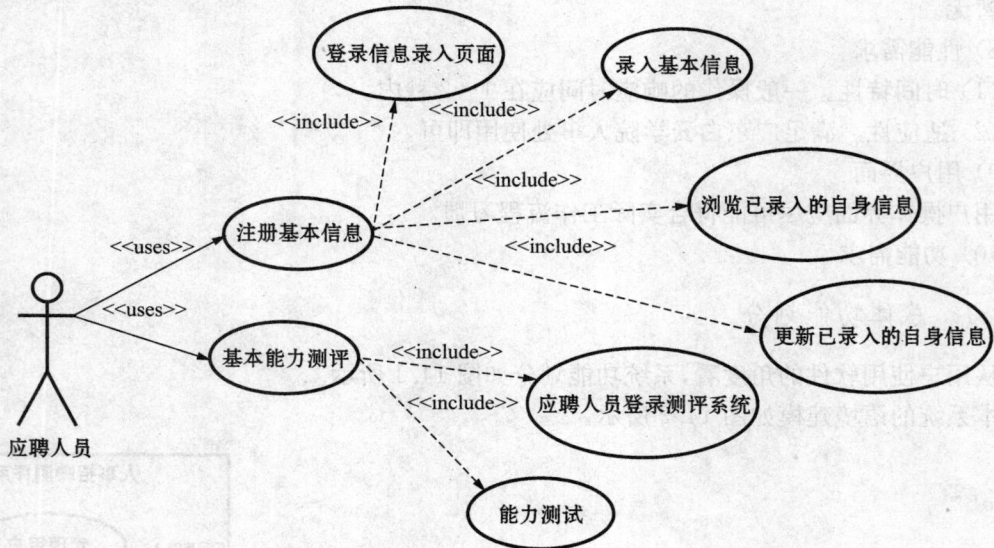

图 14.3　应聘人员操作模块用例图

2) 管理员操作模块

(1) 管理员进行用户管理。

① 管理员初始化其他管理员登录账号、密码或应聘人员的登录账号、密码。

② 管理员维护账号、密码信息。

(2) 管理员定义考核试题。

① 管理员定义单选题。

② 管理员定义多选题(可不实现,待扩充)。

③ 管理员定义主观题(可不实现,待扩充)。

(3) 管理员查看应聘人员基本信息。

① 通过网页浏览应聘人员基本信息。

② 管理员将应聘人员基本信息复制到 Word 文档(A3 纸)或自动生成 Word 文档(A3 纸)。

(4) 管理员查看考核结果。

① 生成考核分析表。

② 其他(待定)。

该功能模块的用例如图 14.4 所示。

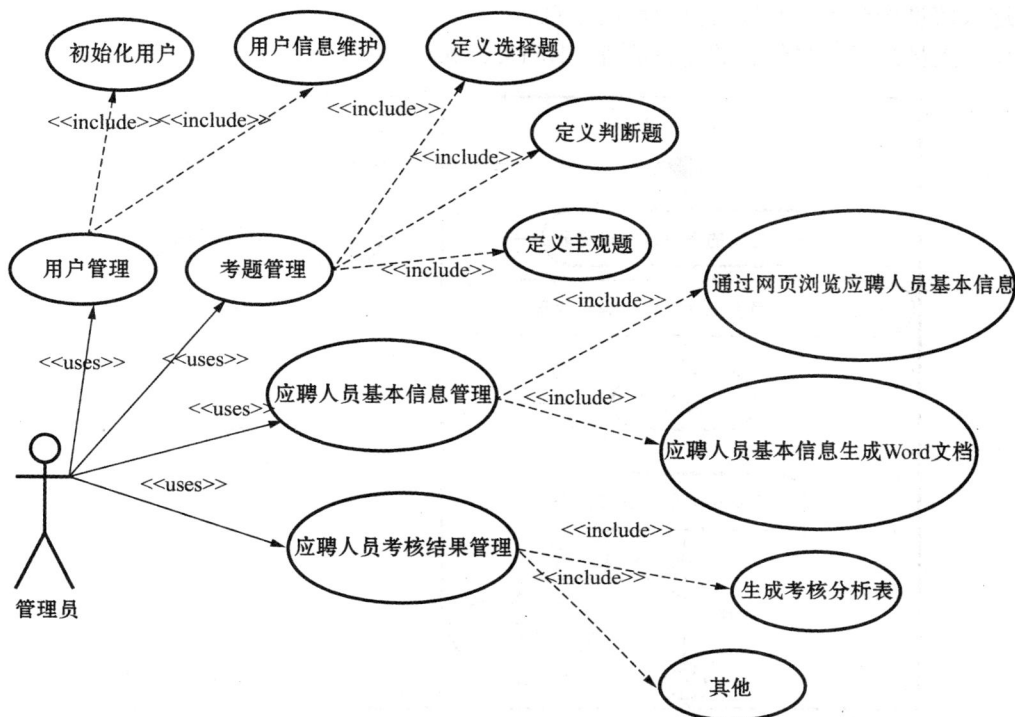

图 14.4　管理员操作模块用例图

14.2　业务流程建模

系统业务流程建模

(Business Flow Modeling)

系统名称:人事招聘测评系统(Human Resource Assessment System)

系统简称:HRAS

版本号:1

文档编号:HRAS_BFM_1

文档编辑:刘兵

业务建模:刘兵

编辑时间:2010 年 2 月 8 日

1) 应聘人员操作模块业务流程

(1) 应聘人员注册基本信息的业务流程。

① 应聘人员输入给定的账号、密码进入应聘人员操作页面。

② 应聘人员应能录入广东白云学院所规定的"应聘人员登记表"中所规定的所有信息(相片及电子签名除外)。

③ 应聘人员输入身份证号浏览已录入的自身信息,如发现录入信息有误,则重新输入身份号进入信息修改界面并提交修改后的信息。

应聘人员注册基本信息的业务流程如图 14.5 所示。

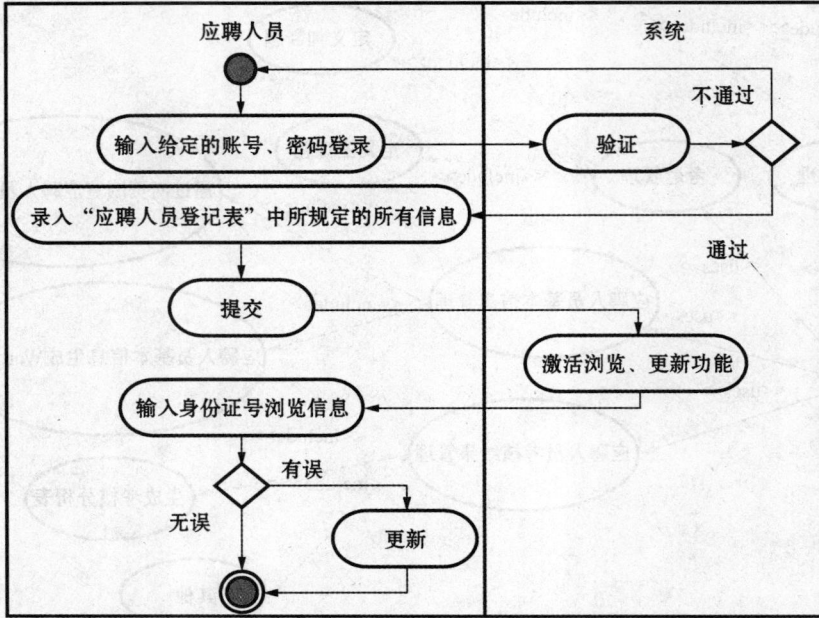

图 14.5　应聘人员注册基本信息的业务流程活动图

（2）应聘人员基本能力测评业务流程。

① 应聘人员输入身份证号进入测评页面。

② 应聘人员按操作提示进行能力测试。

应聘人员基本能力测评业务流程如图 14.6 所示。

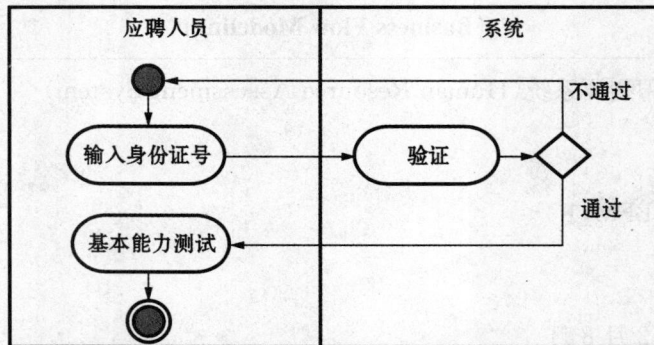

图 14.6　应聘人员基本能力测评业务流程活动图

2）管理员操作模块业务流程

（1）管理员进行用户管理的业务流程。

① 管理员初始化其他管理员登录账号、密码或应聘人员的登录账号、密码。

管理员初始化用户的业务流程如图 14.7 所示。

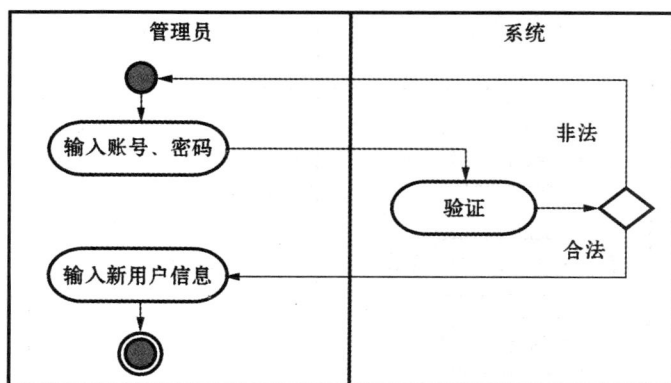

图 14.7　管理员初始化用户的业务流程活动图

② 管理员维护账号、密码信息。考虑到使用本系统的用户数量较少,实际应用中管理员可在浏览界面中维护用户信息。管理员维护用户信息的业务流程如图 14.8 所示。

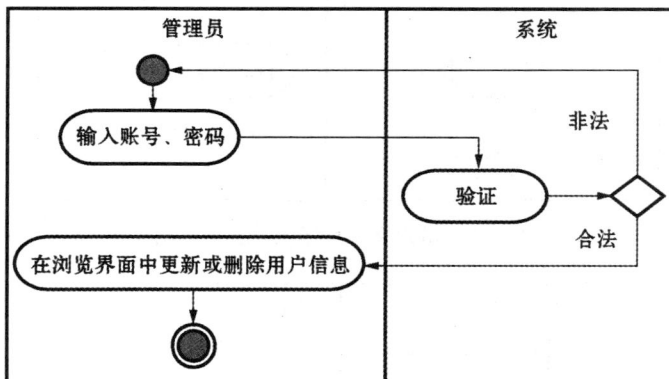

图 14.8　管理员维护用户信息的业务流程

(2) 管理员定义考核试题。

① 管理员定义单选题。

管理员定义单选题时需注意以下问题:

◆　试题主干部分与各选项应分开输入。

◆　各选项的具体内容应分开输入。

◆　试题号无须输入,由系统自动生成。

◆　各选项也应有唯一编号,由系统自动生成。

管理员定义单选题的业务流程如图 14.9 所示。

② 管理员定义复选题(可不实现,待扩充)。

③ 管理员定义主观题(可不实现,待扩充)。

(3) 管理员查看应聘人员基本信息的业务流程。

① 通过网页浏览应聘人员基本信息。管理员浏览应聘人员基本信息的业务流程如图 14.10所示。

② 管理员将应聘人员基本信息复制到 Word 文档(A3 纸)或自动生成 Word 文档(A3 纸)。

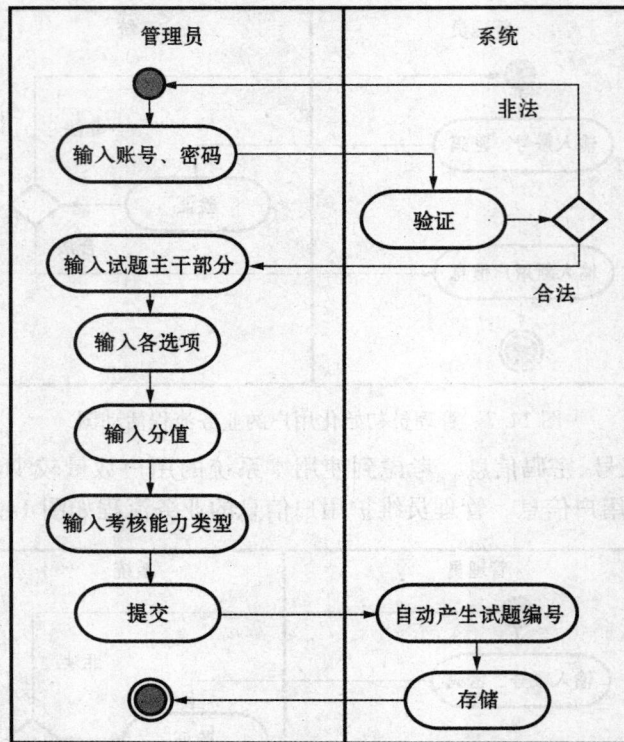

图 14.9　管理员定义单选题的业务流程活动图

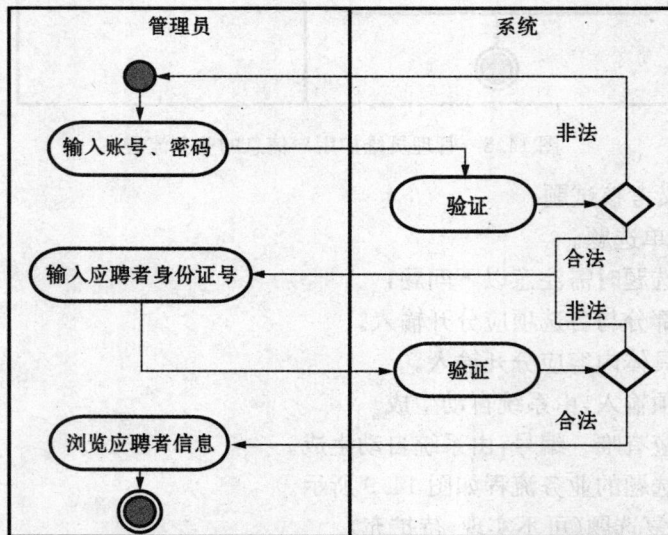

图 14.10　管理员浏览应聘人员基本信息的业务流程活动图

（4）管理员查看考核结果。

生成应聘者能力考核分析表。管理员浏览应聘者能力考核分析表的业务流程如图 14.11 所示。

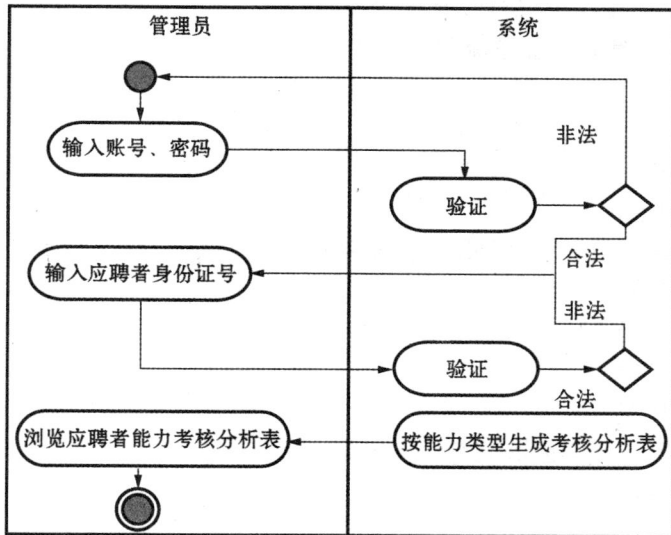

图 14.11　管理员浏览应聘者能力考核分析表的业务流程活动图

14.3　数据库设计

数据库设计分析

(Database Design Analysis)

系统名称:人事招聘测评系统(Human Resource Assessment System)

系统简称:HRAS

版本号:1

文档编号:HRAS_DDA_1

文档编辑:刘兵

设计分析:刘兵

编辑时间:2010 年 2 月 8 日

1) 穷举业务实体

(1) 穷举业务参与者实体。从系统语境建模图可知,业务参与者实体有:

① 应聘人员。

② 管理员。

(2) 穷举存储性业务流实体。从业务流程活动图可知,存储性业务流实体有:

① 应聘者基本信息(源自应聘人员业务流程)。应聘者基本信息是一个复杂的抽象实体,从实际工作表来看,该部分信息可分成五大块,它们分别是:

◆　应聘者本人基本信息。

◆　应聘者学习简历。

◆　应聘者工作简历。

◆　应聘者配偶情况。

◆　应聘者家庭其他主要成员简况。

② 用户信息（源自管理员业务流程）。

③ 单选题。

④ 单选题选项。

2）实体的最终确定

（1）实体名的确定。

① 用户（由"应聘人员"、"管理员"抽象而来）。

② 应聘者基本信息。

③ 应聘者学习简历。

④ 应聘者工作简历。

⑤ 应聘者配偶情况。

⑥ 应聘者家庭其他主要成员简况。

（2）实体属性的确定。

① 用户的属性。

◆　用户名（管理员初始化需要）。

◆　密码（管理员初始化需要）。

◆　用户类型（用户分成"应聘人员"、"管理员"两类）。

② 应聘者基本信息的属性。从实际工作表可知，应聘者基本信息应包含如下属性：

◆　身份证号（教工的唯一标识）。

◆　姓名。

◆　性别。

◆　出生年月。

◆　民族。

◆　政治面貌。

◆　籍贯。

◆　毕业院校及时间。

◆　学历。

◆　学位。

◆　专业特长。

◆　爱好。

◆　能否讲粤语。

◆　懂何种外语。

◆　外语熟练程度。

◆　计算机操作熟练程度。

◆　户口所在地。

◆　婚否。

◆　身高。

◆　视力。

◆　原工作单位。

- ◆ 职务。
- ◆ 职称。
- ◆ 技能。
- ◆ 何时何地受过何种奖励或处分。
- ◆ 应聘岗位。
- ◆ 从事本岗位工作年限。
- ◆ 能胜任的课程或工作。
- ◆ 计划在校工作年限。
- ◆ 来校前原工作月收入。
- ◆ 应聘现岗位期望月收入。
- ◆ 自己能否解决住房。
- ◆ 是否要求解决家属工作。
- ◆ 对工作、生活等有何具体要求。
- ◆ 现人事档案关系在何处。
- ◆ 来校后准备如何解决人事档案关系。
- ◆ 是否已解除或终止与原工作单位劳动(聘用)关系。
- ◆ 家庭地址。
- ◆ 邮编。
- ◆ 联系电话。

③ 应聘者学习简历的属性。

- ◆ 身份证号(关联到具体应聘者)。
- ◆ 起止年月。
- ◆ 何校何专业学习。
- ◆ 证明人及电话。

④ 应聘者工作简历。

- ◆ 身份证号(关联到具体应聘者)。
- ◆ 起止年月。
- ◆ 在何单位主要从事何工作、担任何职务。
- ◆ 证明人及电话。

⑤ 应聘者配偶情况。

- ◆ 应聘者身份证号(关联到具体应聘者)。
- ◆ 姓名。
- ◆ 出生年月。
- ◆ 参加工作时间。
- ◆ 文化程度。
- ◆ 专业。
- ◆ 职称。
- ◆ 工作单位。
- ◆ 职务。

⑥ 应聘者家庭其他主要成员简况。

◆ 应聘者身份证号（关联到具体应聘者）。

◆ 姓名。

◆ 性别。

◆ 年龄。

◆ 与本人关系。

◆ 在何地学习或工作。

⑦ 单选题。

◆ 试题编号（由系统生成唯一编号）。

◆ 试题内容。

◆ 答案。

◆ 分值。

⑧ 单选题选项。

◆ 试题编号。

◆ 选项号。

◆ 选项内容。

⑨ 测试成绩。

◆ 身份证号。

◆ 试题号。

◆ 测试答案。

◆ 分数。

（3）确定关系模式。根据以上实体名及实体属性,确定实体的关系模式如下:

① 用户(用户名,密码,用户类型)。

② 应聘者基本信息(身份证号,姓名,性别,出生年月,民族,政治面貌,籍贯,毕业院校,毕业时间,学历,学位,专业特长,爱好,能否讲粤语,懂何种外语,外语熟练程度,计算机操作熟练程度,户口所在地,婚否,身高,视力,原工作单位,职务,职称,技能,何时何地受过何种奖励或处分,应聘岗位,从事本岗位工作年限,能胜任的课程或工作,计划在校工作年限,来校前原工作月收入,应聘现岗位期望月收入,自己能否解决住房,是否要求解决家属工作,对工作/生活等有何具体要求,现人事档案关系在何处,来校后准备如何解决人事档案关系,是否已解除或终止与原工作单位劳动(聘用)关系,家庭地址,邮编,联系电话)。

③ 应聘者学习简历(身份证号,起止年月,何校何专业学习,证明人及电话)。

④ 应聘者工作简历(身份证号,起止年月,在何单位主要从事何工作及担任何职务,证明人及电话)。

⑤ 应聘者配偶情况(应聘者身份证号,姓名,出生年月,参加工作时间,文化程度,专业,职称,工作单位,职务)。

⑥ 应聘者家庭其他主要成员简况(应聘者身份证号,姓名,性别,年龄,与本人关系,在何地学习或工作)。

⑦ 单选题(试题编号,试题内容,答案,分值)。

⑧ 单选题选项(试题编号,选项号,选项内容)。

⑨ 测试成绩(身份证号,试题号,测试答案,分数)。

3) 生成实体类图

根据以上确立的关系模式,"用户"、"应聘者基本信息"、"应聘者学习简历"、"应聘者工作简历"、"应聘者配偶情况"、"应聘者家庭其他主要成员简况"、"单选题"、"单选题选项"、"测试成绩"九个实体的类图建模如图 14.12 所示。

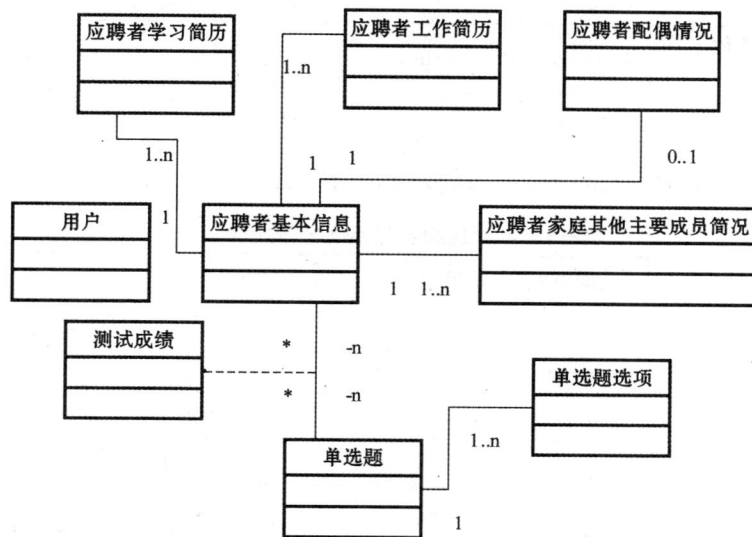

图 14.12 实体类图及关系

4) 数据库逻辑设计

根据实际需要,确定"用户"、"应聘者基本信息"、"应聘者学习简历"、"应聘者工作简历"、"应聘者配偶情况"、"应聘者家庭其他主要成员简况"六个实体的逻辑结构如下:

(1)"用户"的逻辑结构如表 14.1 所示。

表 14.1 "用户"的逻辑结构

列 名	数据类型	长 度	可否为空	说 明
用户名	Varchar	10	no	PRIMARY KEY
密码	Varchar	10	no	
用户类型名	varchar	20	no	取值:"应聘人员"或"管理员"

(2)"应聘者学习简历"的逻辑结构如表 14.2 所示。

表 14.2 "应聘者学习简历"的逻辑结构

列 名	数据类型	长 度	可否为空	说 明
身份证号	varchar	18	no	Foreign KEY
起止年月	char	15	no	格式实例:1988.09-1991.06
何校何专业学习	ntext	16	no	
证明人及电话	varchar	30	no	

（3）"应聘者工作简历"的逻辑结构如表 14.3 所示。

表 14.3 "应聘者工作简历"的逻辑结构

列 名	数据类型	长 度	可否为空	说 明
身份证号	varchar	18	no	Foreign KEY
起止年月	char	15	no	格式实例:1988.09-1991.06
在何单位主要从事何工作及担任何职务	ntext	16	no	
证明人及电话	varchar	30	no	

（4）"应聘者配偶情况"的逻辑结构如表 14.4 所示。

表 14.4 "应聘者配偶情况"的逻辑结构

列 名	数据类型	长 度	可否为空	说 明
应聘者身份证号	varchar	18	no	Foreign KEY
姓名	varchar	10	no	
出生年月	datetime	8	no	形如:1972-08
参加工作时间	datetime	8	yes	形如:1996-06
文化程度	varchar	10	no	取值:小学、中学、中专、大专、本科、硕士研究生、博士研究生
专业	varchar	30	yes	
职称	varchar	30	yes	
工作单位	ntext	16	yes	
职务	varchar	30	yes	

（5）"应聘者家庭其他主要成员简况"的逻辑结构如表 14.5 所示。

表 14.5 "应聘者家庭其他主要成员简况"的逻辑结构

列 名	数据类型	长 度	可否为空	说 明
应聘者身份证号	varchar	18	no	Foreign KEY
姓名	varchar	10	no	
性别	Char	2	no	取值:男、女
年龄	tinyint	2	no	
与本人关系	char	4	no	取值:父子、父女、母子、母女
在何地学习或工作	ntext	16	yes	

（6）"应聘者基本信息"的逻辑结构如表 14.6 所示。考虑到应聘者不一定会熟练进行文字输入,则可以先进行快速注册,快速注册只要输入"身份证号"、"姓名"、"性别"三项关键信息,便于应聘者马上输入"身份证号"进行基本能力测试。所以在"应聘者基本信息"的逻辑结构中除了"身份证号"、"姓名"、"性别"三项不能为空值外,其他各项均可暂时为 NULL。

表 14.6　"应聘者基本信息"的逻辑结构

列　　名	数据类型	长　度	可否为空	说　　明
身份证号	varchar	18	no	Primary KEY
姓名	varchar	10	no	
性别	Char	2	no	取值:男、女
出生年月	datetime	8	yes	形如:1972-08
民族	varchar	16	yes	其取值见备注1
政治面貌	varchar	16	yes	其取值见备注2
籍贯	varchar	30	yes	
毕业院校	varchar	30	yes	
毕业时间	datetime	8	yes	形如:1972-08
学历	varchar	10	yes	取值:小学、中学、中专、大专、本科、硕士研究生、博士研究生
学位	char	4	yes	取值:无、学士、硕士、博士
专业特长	varchar	50	yes	
爱好	varchar	50	yes	
能否讲粤语	char	2	yes	取值:能、否
懂何种外语	varchar	50	yes	取值:英语、法语、俄语、德语、日语、韩语、朝鲜语、西班牙语
外语熟练程度	char	4	yes	取值:熟练、良好、一般
计算机操作熟练程度	char	4	yes	取值:熟练、良好、一般
户口所在地	varchar	50	yes	
婚否	char	4	yes	取值:已婚、未婚
身高	tinyint	1	yes	单位:厘米;取值:形如165
视力	varchar	10	yes	取值:1.0以上、2.0以上、3.0以上、4.0以上、5.0以上
原工作单位	varchar	50	yes	
职务	varchar	20	yes	
职称	varchar	20	yes	取值:助教、讲师、副教授、教授
技能	varchar	50	yes	
何时何地受过何种奖励或处分	ntext	16	yes	
应聘岗位	varchar	50	yes	
从事本岗位工作年限	varchar	4	yes	形如:8年、10年
能胜任的课程或工作	ntext	16	yes	

列　名	数据类型	长　度	可否为空	说　明
计划在校工作年限	varchar	4	yes	形如：8 年、10 年
来校前原工作月收入	int	4	yes	
应聘现岗位期望月收入	int	4	yes	
自己能否解决住房	char	2	yes	取值：能、否
是否要求解决家属工作	char	2	yes	取值：是、否
对工作/生活等有何具体要求	ntext	16	yes	
现人事档案关系在何处	ntext	16	yes	
来校后准备如何解决人事档案关系	varchar	20	yes	取值：保留原人事关系、档案挂靠南方人才市场、调入
是否已解除或终止与原工作单位劳动（聘用）关系	char	2	yes	取值：是、否
家庭地址	ntext	16	yes	
邮编	char	6	yes	
联系电话	varchar	20	yes	

注1：汉族、蒙古族、回族、藏族、维吾尔族、苗族、彝族、壮族、布依族、朝鲜族、满族、侗族、瑶族、白族、土家族、哈尼族、哈萨克族、傣族、黎族、傈僳族、佤族、畲族、高山族、拉祜族、水族、东乡族、纳西族、景颇族、柯尔克孜族、土族、达斡尔族、仫佬族、羌族、布朗族、撒拉族、毛南族、仡佬族、锡伯族、阿昌族、普米族、塔吉克族、怒族、乌孜别克族、俄罗斯族、鄂温克族、德昂族、保安族、裕固族、京族、塔塔尔族、独龙族、鄂伦春族、赫哲族、门巴族、珞巴族、基诺族。

注2：中共党员、民盟盟员、致公党党员、群众、中共预备党员、民建会员、九三学社社员、共青团员、民进会员、台盟盟员、民革会员、农工党党员、无党派民主人士。

（7）"单选题"的逻辑结构如表 14.7 所示。

表 14.7　"单选题"的逻辑结构

列　名	数据类型	长　度	可否为空	说　明
试题编号	char	14	no	PRIMARY KEY
试题内容	ntext	16	no	
能力类型	varchar	16	no	
答案	char	1	no	
分值	tinyint	2	no	

（8）"单选题选项"的逻辑结构如表 14.8 所示。

表 14.8　"单选题选项"的逻辑结构

列　名	数据类型	长　度	可否为空	说　明
试题编号	char	14	no	Foreign KEY
选项号	char	1	no	与"试题编号"联合作主键
选项内容	ntext	16	no	

（9）"测试结果"的逻辑结构如表 14.9 所示。

表 14.9 "测试结果"的逻辑结构

列　名	数据类型	长　度	可否为空	说　明
身份证号	varchar	18	no	Foreign KEY
试题编号	char	14	no	Foreign KEY
测试答案	char	1	no	
得分	tinyint	2	yes	

5）数据库物理设计

（1）创建数据库。

在 SQL SERVER 中创建名为"HRAS"的数据库。

IF EXISTS（SELECT name FROM master. dbo. sysdatabases WHERE name＝N ' HRAS '）

　　　DROP DATABASE ［HRAS］

　　GO

　　CREATE DATABASE ［HRAS］ON（NAME＝N ' HRAS_Data '，FILENAME＝N ' D:\vsnet_test\HRAS\db\HRAS_Data. MDF '，SIZE＝1，FILEGROWTH＝10%）LOG ON（NAME＝N ' HRAS_Log '，FILENAME＝N ' D:\vsnet_test\HRAS\db\HRAS_Log. LDF '，SIZE＝1，FILEGROWTH＝10%）

　　COLLATE Chinese_PRC_CI_AS

　　GO

（2）创建数据库表。

① 创建"用户"表。

if exists（select ＊ from dbo. sysobjects where id＝object_id（N '［dbo］.［用户］'）and OBJECTPROPERTY(id，N ' IsUserTable '）＝1）

drop table ［dbo］.［用户］

GO

CREATE TABLE ［dbo］.［用户］（

　　［用户名］［varchar］（10）COLLATE Chinese_PRC_CI_AS NOT NULL ，

　　［密码］［varchar］（10）COLLATE Chinese_PRC_CI_AS NOT NULL ，

　　［用户类型名］［varchar］（20）COLLATE Chinese_PRC_CI_AS NOT NULL

）ON ［PRIMARY］

GO

② 创建"单选题"表。

if exists（select ＊ from dbo. sysobjects where id＝object_id（N '［dbo］.［FK_单选题选项_单选题］'）and OBJECTPROPERTY(id，N ' IsForeignKey '）＝1）

　　ALTER TABLE ［dbo］.［单选题选项］DROP CONSTRAINT FK_单选题选项_单选题

```
GO
if exists (select * from dbo. sysobjects where id=object_id(N'[dbo].[单选题]') and
OBJECTPROPERTY(id, N'IsUserTable')=1)
    drop table [dbo].[单选题]
GO
CREATE TABLE [dbo].[单选题] (
    [试题编号][char](14) COLLATE Chinese_PRC_CI_AS NOT NULL ,
    [试题内容][ntext] COLLATE Chinese_PRC_CI_AS NOT NULL ,
    [能力类型][varchar](16) COLLATE Chinese_PRC_CI_AS NOT NULL ,
    [答案][char](1) COLLATE Chinese_PRC_CI_AS NOT NULL ,
    [分值][tinyint] NOT NULL
) ON [PRIMARY] TEXTIMAGE_ON [PRIMARY]
GO
```
③ 创建"单选题选项"表。
```
if exists (select * from dbo. sysobjects where id=object_id(N'[dbo].[单选题选项]')
and OBJECTPROPERTY(id, N'IsUserTable')=1)
    drop table [dbo].[单选题选项]
GO
CREATE TABLE [dbo].[单选题选项] (
    [试题编号][char](14) COLLATE Chinese_PRC_CI_AS NOT NULL ,
    [选项号][char](1) COLLATE Chinese_PRC_CI_AS NOT NULL ,
    [选项内容][ntext] COLLATE Chinese_PRC_CI_AS NOT NULL
) ON [PRIMARY] TEXTIMAGE_ON [PRIMARY]
GO
```
④ 创建"应聘者基本信息"表。
```
if exists (select * from dbo. sysobjects where id=object_id(N'[dbo].[应聘者基本信
息]') and OBJECTPROPERTY(id, N'IsUserTable')=1)
    drop table [dbo].[应聘者基本信息]
GO
CREATE TABLE [dbo].[应聘者基本信息] (
    [身份证号][varchar](18) COLLATE Chinese_PRC_CI_AS NOT NULL ,
    [姓名][varchar](10) COLLATE Chinese_PRC_CI_AS NOT NULL ,
    [性别][char](2) COLLATE Chinese_PRC_CI_AS NOT NULL ,
    [出生年月][datetime] NULL ,
    [民族][varchar](16) COLLATE Chinese_PRC_CI_AS NULL ,
    [政治面貌][varchar](16) COLLATE Chinese_PRC_CI_AS NULL ,
    [籍贯][varchar](30) COLLATE Chinese_PRC_CI_AS NULL ,
    [毕业院校][char](30) COLLATE Chinese_PRC_CI_AS NULL ,
    [毕业时间][datetime] NULL ,
```

〔学历〕〔varchar〕(50) COLLATE Chinese_PRC_CI_AS NULL ，

〔学位〕〔char〕(4) COLLATE Chinese_PRC_CI_AS NULL ，

〔专业特长〕〔varchar〕(50) COLLATE Chinese_PRC_CI_AS NULL ，

〔爱好〕〔varchar〕(50) COLLATE Chinese_PRC_CI_AS NULL ，

〔能否讲粤语〕〔char〕(2) COLLATE Chinese_PRC_CI_AS NULL ，

〔懂何种外语〕〔varchar〕(50) COLLATE Chinese_PRC_CI_AS NULL ，

〔外语熟练程度〕〔char〕(4) COLLATE Chinese_PRC_CI_AS NULL ，

〔计算机操作熟练程度〕〔char〕(4) COLLATE Chinese_PRC_CI_AS NULL ，

〔户口所在地〕〔varchar〕(50) COLLATE Chinese_PRC_CI_AS NULL ，

〔婚否〕〔char〕(4) COLLATE Chinese_PRC_CI_AS NULL ，

〔身高〕〔tinyint〕 NULL ，

〔视力〕〔varchar〕(50) COLLATE Chinese_PRC_CI_AS NULL ，

〔原工作单位〕〔varchar〕(50) COLLATE Chinese_PRC_CI_AS NULL ，

〔职务〕〔varchar〕(20) COLLATE Chinese_PRC_CI_AS NULL ，

〔职称〕〔varchar〕(20) COLLATE Chinese_PRC_CI_AS NULL ，

〔技能〕〔varchar〕(50) COLLATE Chinese_PRC_CI_AS NULL ，

〔何时何地受过何种奖励或处分〕〔ntext〕 COLLATE Chinese_PRC_CI_AS NULL ，

〔应聘岗位〕〔varchar〕(50) COLLATE Chinese_PRC_CI_AS NULL ，

〔从事本岗位工作年限〕〔varchar〕(4) COLLATE Chinese_PRC_CI_AS NULL ，

〔能胜任的课程或工作〕〔ntext〕 COLLATE Chinese_PRC_CI_AS NULL ，

〔计划在校工作年限〕〔varchar〕(4) COLLATE Chinese_PRC_CI_AS NULL ，

〔来校前原工作月收入〕〔int〕 NULL ，

〔应聘现岗位期望月收入〕〔int〕 NULL ，

〔自己能否解决住房〕〔char〕(2) COLLATE Chinese_PRC_CI_AS NULL ，

〔是否要求解决家属工作〕〔char〕(2) COLLATE Chinese_PRC_CI_AS NULL ，

〔对工作/生活等有何具体要求〕〔ntext〕 COLLATE Chinese_PRC_CI_AS NULL ，

〔现人事档案关系在何处〕〔ntext〕 COLLATE Chinese_PRC_CI_AS NULL ，

〔来校后准备如何解决人事档案关系〕〔varchar〕(20) COLLATE Chinese_PRC_CI_
AS NULL ，

〔是否已解除或终止与原工作单位劳动(聘用)关系〕〔char〕(2) COLLATE Chinese
_PRC_CI_AS NULL ，

〔家庭地址〕〔ntext〕 COLLATE Chinese_PRC_CI_AS NULL ，

〔邮编〕〔char〕(6) COLLATE Chinese_PRC_CI_AS NULL ，

〔联系电话〕〔varchar〕(20) COLLATE Chinese_PRC_CI_AS NULL

) ON 〔PRIMARY〕 TEXTIMAGE_ON 〔PRIMARY〕

GO

⑤ 创建"测试结果"表。

if exists (select ＊ from dbo. sysobjects where id＝object_id(N'〔dbo〕.〔测试结果〕')
and OBJECTPROPERTY(id，N'IsUserTable')＝1)

```
drop table [dbo].[测试结果]
GO
CREATE TABLE [dbo].[测试结果](
    [身份证号][varchar](18) COLLATE Chinese_PRC_CI_AS NOT NULL,
    [试题编号][char](14) COLLATE Chinese_PRC_CI_AS NOT NULL,
    [测试答案][char](1) COLLATE Chinese_PRC_CI_AS NOT NULL,
    [得分][tinyint] NULL
) ON [PRIMARY]
GO
```

14.4　系统设计与实现

系统设计与实现

(System Design and Implementation)

系统名称:人事招聘测评系统(Human Resource Assessment System)

系统简称:HRAS

版本号:1

文档编号:HRAS_SDI_1

文档编辑:刘兵

设计分析:刘兵

编辑时间:2010 年 2 月 9 日

14.4.1　文件组织

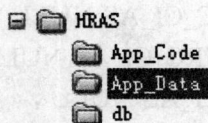

图 14.13　文件组织结构

按如图 14.13 所示,文件组织如下:

(1) Web 窗体文件存放于\HRAS 下。

(2) 自定义类文件存放于\HRAS\App_Data 下。

(3) 数据库文件存放于\HRAS\DB 下。

14.4.2　thd 定义类

1) 定义本系统界面控制的类

```
public class ui
{
    public ui()
    { }
    #region 界面控制通用部分
    //------------------------------界面控制通用部分------------------------------
    //隐藏若干面板
    public static void hide_multi_panel(params System. Web. UI. WebControls. Panel[]
```

```
p)
    {
        for (int i=0; i <=p. GetUpperBound(0); i++)
            p[i]. Visible=false;
    }
    //显示若干面板
    public static void disp_multi_panel(params System. Web. UI. WebControls. Panel[]
p)
    {
        for (int i=0; i <=p. GetUpperBound(0); i++)
            p[i]. Visible=true;
    }
    //若干按钮失效
    public static void multi_button_disable(params System. Web. UI. WebControls.
Button[] b)
    {
        for (int i=0; i <=b. GetUpperBound(0); i++)
            b[i]. Enabled=false;
    }
    //若干面板失效
    public static void multi_panel_disable(params System. Web. UI. WebControls. Panel
[] p)
    {
        for (int i=0; i <=p. GetUpperBound(0); i++)
            p[i]. Enabled=false;
    }
    //若干按钮有效
    public static void multi_button_enable(params System. Web. UI. WebControls.
Button[] b)
    {
        for (int i=0; i <=b. GetUpperBound(0); i++)
            b[i]. Enabled=true;
    }
    //若干面板有效
    public static void multi_panel_enable(params System. Web. UI. WebControls. Panel
[] p)
    {
        for (int i=0; i <=p. GetUpperBound(0); i++)
            p[i]. Enabled=true;
```

```
    }

    //重置编辑框
    public static void reset_textbox(params System. Web. UI. WebControls. TextBox[]
tb)
    {
        for (int i=0; i <=tb. GetUpperBound(0); i++)
            tb[i]. Text="";
    }
    //————————————界面控制通用部分————————————————
    #endregion
    #region 试题管理界面控制部分
    //————————————试题管理界面控制部分————————————
    //定义单选题选项失效
    public static void def _ item _ disable (System. Web. UI. WebControls. Panel p1,
System. Web. UI. WebControls. Panel p2, System. Web. UI. WebControls. TextBox tb,
System. Web. UI. WebControls. Button b)
    {
        p1. Enabled=false;
        p2. Enabled=false;
        tb. Text="";
        b. Enabled=false;
    }
    //定义单选题选项有效
    public static void def _ item _ enable (System. Web. UI. WebControls. Panel p1,
System. Web. UI. WebControls. Panel p2, System. Web. UI. WebControls. Button b)
    {
        p1. Enabled=true;
        p2. Enabled=true;
        b. Enabled=true;
    }
    //考题内容及选项内容清空
    public static void clear_item_ch(params System. Web. UI. WebControls. TextBox[]
tb)
    {
        for (int i=0; i <=tb. GetUpperBound(0); i++)
            tb[i]. Text="";
    }
    //————————————试题管理界面控制部分————————————
```

```
    # endregion
}
```

2) 定义后台数据处理通用类

```
public class g_d
{
    public g_d()
    {
    }
    //记录插入、更新、删除的通用方法
    public static void op_rec(string op_str)
    {
        string c_str=System. Configuration. ConfigurationManager. ConnectionStrings
["con_HRAS"]. ToString();
        SqlConnection con=new SqlConnection(c_str);
        con. Open();
        SqlCommand com=new SqlCommand(op_str, con);
        com. ExecuteNonQuery();
        com. Dispose();
        con. Close();
    }
    //以下定义查询结果输出到网格
    public static void sql _ out _ grid (string sql, System. Web. UI. WebControls.
GridView dg)
    {
        string c_str=System. Configuration. ConfigurationManager. ConnectionStrings
["con_HRAS"]. ToString();
        SqlConnection con=new SqlConnection(c_str);
        con. Open();
        SqlDataAdapter adp=new SqlDataAdapter(sql, con);
        DataSet ds=new DataSet();
        adp. Fill(ds, "t");
        dg. DataSource=ds. Tables["t"];
        dg. DataBind();
        con. Close();
    }
    //XML 数据绑定到下拉列表
    public static void droplist_b_ xml(System. Web. UI. WebControls. DropDownList
dl, string xmlf, string b_field)
    {
```

```
        System. Data. DataSet ds＝new System. Data. DataSet();
        ds. ReadXml(xmlf);
        dl. DataSource＝ds. Tables[0];
        dl. DataTextField＝b_field;
        dl. DataBind();
        ds. Dispose();
    }
    //XML 输出到网格
    public static void XML_out_to_grid(string xml_f, System. Data. DataSet ds,
System. Web. UI. WebControls. GridView gv)
    {
        ds. ReadXml(xml_f);
        gv. DataSource＝ds. Tables[0];
        gv. DataBind();
    }
}
```

3）定义本系统数据处理类

```
using System. Data. SqlClient;
public class data
{
    public data()
    {}

    #region 以下是登录管理
    //····························登录管理区域····························
    //验证管理员登录是否成功
    public static void check_admin(string u_name, string u_psw, System. Web. UI.
Page pag, System. Web. UI. WebControls. Panel p1, System. Web. UI. WebControls. Panel
p2)
    {
        string c_str＝System. Configuration. ConfigurationManager. ConnectionStrings
["con_HRAS"]. ToString();
        SqlConnection con＝new SqlConnection(c_str);
        con. Open();
        SqlDataReader rd;
        SqlCommand com＝new SqlCommand("select 用户名 from 用户 where 用户名
＝'"＋u_name＋"' and 密码＝'"＋u_psw＋"' and 用户类型名＝'管理员'", con);
        rd＝com. ExecuteReader();
        if (rd. Read())
        { p1. Enabled＝true; p2. Visible＝false;}
```

```
else
        pag. ClientScript. RegisterStartupScript ( pag. GetType ( ),"",  "〈script
language=' javascript '〉alert('输入用户信息有误,请重新登录。');〈/script〉");
        con. Close();
    }


// 验证应聘人员登录是否成功
    public static void check_apply(string u_name, string u_psw, System. Web. UI.
Page pag, System. Web. UI. WebControls. Panel p1, System. Web. UI. WebControls. Panel
p2)
        {
        string c_str=System. Configuration. ConfigurationManager. ConnectionStrings
["con_HRAS"]. ToString();
        SqlConnection con=new SqlConnection(c_str);
        con. Open();
        SqlDataReader rd;
        SqlCommand com=new SqlCommand("select 用户名 from 用户 where 用户名
='" + u_name + "' and 密码='" + u_psw + "' and 用户类型名='应聘人员'", con);
        rd=com. ExecuteReader();
        if (rd. Read())
        { p1. Enabled=true; p2. Visible=false; }
        else
            pag. ClientScript. RegisterStartupScript ( pag. GetType ( ), "",  "〈script
language=' javascript '〉alert('输入用户信息有误,请重新登录。');〈/script〉");
        con. Close();
    }
// ······················登录管理区域······················
#endregion


#region 以下是用户管理
// ······················用户管理区域······················
// 验证用户名是否被启用
    public static void check_user_exist(string u_name, System. Web. UI. Page pag)
        {
        string c_str=System. Configuration. ConfigurationManager. ConnectionStrings
["con_HRAS"]. ToString();
    SqlConnection con=new SqlConnection(c_str);
        con. Open();
        SqlDataReader rd;
```

```
        SqlCommand com＝new SqlCommand("select 用户名 from 用户 where 用户名
＝'" ＋ u_name ＋ "'", con);
        rd＝com. ExecuteReader();
        if (rd. Read())
            pag. ClientScript. RegisterStartupScript (pag. GetType ( ), "", "〈script
language＝' javascript '〉alert('该用户名已被启用,请重新命名。');〈/script〉");
        else
            pag. ClientScript. RegisterStartupScript (pag. GetType ( ), "", "〈script
language＝' javascript '〉alert('恭喜你,该用户名第一次被使用。');〈/script〉");
        con. Close();
    }


    //插入一个新用户
    public static void add_new_user (string u_name, string psw, string u_type,
System. Web. UI. Page pag)
    {
        string op_str＝"insert into 用户 values('" ＋ u_name ＋ "','" ＋ psw ＋ "','" ＋
u_type ＋ "')";
        try
        {
            g_d. op_rec(op_str);
            pag. ClientScript. RegisterStartupScript (pag. GetType ( ), "", "〈script
language＝' javascript '〉alert('成功添加一个新用户。');〈/script〉");
        }
        catch
        { pag. ClientScript. RegisterStartupScript (pag. GetType ( ), "", "〈script
language＝' javascript '〉alert('添加新用户失败。');〈/script〉"); }
    }


    //输出用户信息到网格
    public static void show_user(System. Web. UI. WebControls. GridView gv)
    {
        string sql＝"select * from 用户";
        g_d. sql_out_grid(sql, gv);
    }


    //在网格中删除一个用户
    public static void del_user (System. Web. UI. Page pag, System. Web. UI.
HtmlControls. HtmlInputCheckBox ck, string u_name)
```

```
        {
            if (ck. Checked)
            {
                string op_str="delete from 用户 where 用户名='" + u_name + "'";
                try
                {
                    g_d. op_rec(op_str);
                    pag. ClientScript. RegisterStartupScript ( pag. GetType ( ),  "",  "
<script language=' javascript '>alert('成功删除用户。');</script>");
                }
                catch
                { pag. ClientScript. RegisterStartupScript( pag. GetType( ),  "",  "<script
language=' javascript '>alert('删除用户失败。');</script>"); }
            }
        }


    //用户网格设置成编辑状态
    public static void set_user_edit(System. Web. UI. WebControls. GridView gv, int r)
    {
        gv. EditIndex=r;
        g_d. sql_out_grid("select * from 用户", gv);
    }


    //取消用户网格编辑状态
    public static void cancel_user_edit(System. Web. UI. WebControls. GridView gv)
    {
        gv. EditIndex=-1;
        g_d. sql_out_grid("select * from 用户", gv);
    }


    //在网格中更新一个用户
    public static void upd_user(string old_u_name, string new_u_name, string new_
psw, string new_u_type, System. Web. UI. WebControls. GridView gv, System. Web. UI.
Page pag)
    {
        string op_str="update 用户 set 用户名='" + new_u_name + "',密码='" +
new_psw + "',用户类型名='" + new_u_type + "' where 用户名='" + old_u_name +
"'";
        try
```

```
        {
            g_d. op_rec(op_str);
            pag. ClientScript. RegisterStartupScript（pag. GetType（），""，"〈script
language='javascript'〉alert('成功更新用户。');〈/script〉");
        }
        catch
        { pag. ClientScript. RegisterStartupScript（pag. GetType（），""，"〈script
language='javascript'〉alert('更新用户失败。');〈/script〉"); }
        cancel_user_edit(gv);
    }
    //······························用户管理区域······························
    #endregion 用户管理


    #region 以下是试题管理
    //······························试题管理区域······························

    //数据集读取选项空 XML 文档并输出到网格
    public static void ds_read_empty_option_XML(System. Data. DataSet ds，string xml
_f，System. Web. UI. WebControls. GridView gv)
    {
        ds. ReadXml(xml_f);
        ds. Tables[0]. Rows[0]. Delete();
        gv. DataSource=ds. Tables[0];
        gv. DataBind();
    }


    //在储存选项的数据集中增加一行再输出到网格
    public static void app_row_in_ds_out_grid(System. Data. DataSet ds，string item_
no，string op_no, string op_cont，System. Web. UI. WebControls. GridView gv)
    {
        System. Data. DataRow r=ds. Tables[0]. NewRow();
        r[0]=item_no;
        r[1]=op_no;
        r[2]=op_cont;
        ds. Tables[0]. Rows. Add(r);
        gv. DataSource=ds. Tables[0];
        gv. DataBind();
    }
```

```
//判定单选题选项号是否已被使用
public static void check_item_no(string item_no，System. Data. DataSet ds，System.
Web. UI. Page p，System. Web. UI. WebControls. DropDownList dl)
    {
        int k；
        for (k=0；k <=ds. Tables[0]. Rows. Count-1；k++)
            if (ds. Tables[0]. Rows[k][1]. ToString()==item_no) break；
        if (k !=ds. Tables[0]. Rows. Count)
        {
            p. ClientScript. RegisterStartupScript(p. GetType()，""，"<script language
='javascript'>alert('该选项号已被定义,请重新选择选项号。');</script>");
            dl. SelectedIndex=0；
        }
    }
//插入试题主干部分
public static void insert_item_main(string i_no，string i_con，string i_type，string i_
ans，string i_grade)
    {
        string op_str="insert into 单选题 values('" + i_no + "','" + i_con + "','"
+ i_type + "','" + i_ans + "'," + i_grade + ")"；
        g_d. op_rec(op_str)；
    }


//插入试题选项部分
public static void insert_item_op(System. Data. DataSet ds)
    {
        string c_str = System. Configuration. ConfigurationManager. ConnectionStrings
["con_HRAS"]. ToString()；
        SqlConnection con=new SqlConnection(c_str)；
        con. Open()；
        SqlDataAdapter adp=new SqlDataAdapter("select * from 单选题选项"，con)；
        SqlCommandBuilder sb=new SqlCommandBuilder(adp)；
        adp. Update(ds. Tables[0])；
        con. Close()；
    }

//输出试题主干部分到网格
public static void item_main_to_gv(System. Web. UI. WebControls. GridView gv)
    {
```

```
        g_d. sql_out_grid("select * from 单选题", gv);
}
```

//输出试题选项部分到网格
```
public static void item_opt_to_gv(string key, System. Web. UI. WebControls. GridView gv)
{
        g_d. sql_out_grid("select * from 单选题选项 where 试题编号='"+key+"'", gv);
}
```

//试题内容部分网格设置成编辑状态
```
public static void set_item_edit(System. Web. UI. WebControls. GridView gv, int r)
{
        gv. EditIndex=r;
        item_main_to_gv(gv);
}
```

//取消试题内容部分网格编辑状态
```
public static void cancel_item_edit(System. Web. UI. WebControls. GridView gv)
{
        gv. EditIndex=-1;
        item_main_to_gv(gv);
}
```

//在网格中更新试题内容
```
public static void upd_test_item(string key, string i_cont, string i_type, string answ, string grad, System. Web. UI. WebControls. GridView gv, System. Web. UI. Page pag)
{
        string op_str="update 单选题 set 试题内容='" + i_cont + "',能力类型='" + i_type + "',答案='" + answ + "',分值=" + grad + " where 试题编号='" + key + "'";
        try
        {
                g_d. op_rec(op_str);
                pag. ClientScript. RegisterStartupScript(pag. GetType(), "", "<script language='javascript'>alert('成功更新试题内容。');</script>");
        }
        catch
```

```
    { pag. ClientScript. RegisterStartupScript (pag. GetType ( ), "", "〈script
language=' javascript '〉alert('更新试题内容失败。');〈/script〉");  }
        cancel_item_edit(gv);
    }


    //在网格中删除一道试题
    public static void del_test_item(System. Web. UI. Page pag，System. Web. UI.
HtmlControls. HtmlInputCheckBox ck, string test_item_no)
    {


        if (ck. Checked)
        {
            string op_str="delete from 单选题 where 试题编号='" + test_item_no +
"'";
            try
            {
                g_d. op_rec(op_str);
                pag. ClientScript. RegisterStartupScript(pag. GetType(), "", "〈script
language=' javascript '〉alert('成功删除试题。');〈/script〉");
            }
            catch
            { pag. ClientScript. RegisterStartupScript(pag. GetType(), "", "〈script
language=' javascript '〉alert('删除试题失败。');〈/script〉");  }
        }
    }


    //试题选项部分网格设置成编辑状态
    public static void set_item_op_edit(System. Web. UI. WebControls. GridView gv, int
r,string key)
    {
        gv. EditIndex=r;
        item_opt_to_gv(key,gv);
    }
    //取消试题选项部分网格编辑状态
    public static void cancel_item_op_edit(System. Web. UI. WebControls. GridView gv,
string key)
    {
        gv. EditIndex=-1;
        item_opt_to_gv(key,gv);
```

```
        }
```

//在网格中更新试题选项

```
    public static void upd_test_item_option(string key，string old_op_no，string op_no，
string op_cont，System. Web. UI. WebControls. GridView gv，System. Web. UI. Page pag)
    {
        string op_str="update 单选题选项 set 选项号='" + op_no + "',选项内容='"
+ op_cont + "' where 试题编号='" + key + "' and 选项号='" + old_op_no + "'";
        try
        {
            g_d. op_rec(op_str);
            pag. ClientScript. RegisterStartupScript（pag. GetType（），""，"〈script
language=' javascript '〉alert('成功更新试题选项。');〈/script〉");
        }
        catch
        { pag. ClientScript. RegisterStartupScript（pag. GetType（），""，"〈script
language=' javascript '〉alert('更新试题选项失败。');〈/script〉"); }
        cancel_item_op_edit(gv,key);
    }
```

//在网格中删除一道试题的一个选项

```
    public static void del_test_item_option(System. Web. UI. Page pag，System. Web.
UI. HtmlControls. HtmlInputCheckBox ck，string test_item_no,string op_no)
    {
        if (ck. Checked)
        {
            string op_str="delete from 单选题选项 where 试题编号='" + test_item_
no + "' and 选项号='" + op_no+"'";
            try
            {
                g_d. op_rec(op_str);
                pag. ClientScript. RegisterStartupScript(pag. GetType()，""，"〈script
language=' javascript '〉alert('成功删除试题选项。');〈/script〉");
            }
            catch
            { pag. ClientScript. RegisterStartupScript（pag. GetType（），""，"〈script
language=' javascript '〉alert('删除试题选项失败。');〈/script〉"); }
        }
    }
```

//----------------------------试题管理区域----------------------------

♯endregion 试题管理

♯region 以下是考核结果管理
//··················考核结果管理··················
//求得总分
public static void total_score(System. Web. UI. WebControls. Label L)
{
　　string c_str＝System. Configuration. ConfigurationManager. ConnectionStrings
["con_HRAS"]. ToString();
　　SqlConnection con＝new SqlConnection(c_str);
　　con. Open();
　　SqlCommand com＝new SqlCommand("select sum(分值) from 单选题", con);
　　string total＝com. ExecuteScalar(). ToString();
　　L. Text＝"总分:"＋total;
　　con. Close();
}

//求出测试者得分
public static void get_score(string id_key，System. Web. UI. WebControls. Label L)
{
　　string c_str＝System. Configuration. ConfigurationManager. ConnectionStrings
["con_HRAS"]. ToString();
　　SqlConnection con＝new SqlConnection(c_str);
　　con. Open();
　　SqlCommand com＝new SqlCommand("select sum(得分) from 测试结果 where
身份证号='" + id_key + "'", con);
　　string score＝com. ExecuteScalar(). ToString();
　　if (score!＝null)
　　　　L. Text＝"测试得分:" + score;
　　else
　　　　L. Text＝"该应聘者尚未参加考试";
　　con. Close();
}
//按试题类型分组计总分并输出到网格
public static void out_total_grade(System. Web. UI. WebControls. GridView gv)
{
　　string op_str＝"select 能力类型,sum(分值) as 总分 from 单选题 group by 能力
类型 order by 能力类型";
　　g_d. sql_out_grid(op_str, gv);

```
        }
        //得分情况填充到网格
        public static void score_to_gv(string id_key, System. Web. UI. WebControls.
GridView gv)
        {
                string c_str = System. Configuration. ConfigurationManager. ConnectionStrings
["con_HRAS"]. ToString();
                SqlConnection con=new SqlConnection(c_str);
                con. Open();
                SqlDataReader rd;
                SqlCommand com=new SqlCommand("select 得分 from 按试题类型分组计得分
where 身份证号='" + id_key + "' order by 能力类型", con);
                rd=com. ExecuteReader();
                for (int i=0; i < gv. Rows. Count; i++)
                { rd. Read(); gv. Rows[i]. Cells[2]. Text=rd[0]. ToString(); }
                con. Close();
        }
        //求得分率
        public static void score_rate(System. Web. UI. WebControls. GridView gv)
        {
                for (int i=0; i < gv. Rows. Count; i++)
                {
                        Single r = Convert. ToSingle(gv. Rows[i]. Cells[2]. Text) / Convert.
ToSingle(gv. Rows[i]. Cells[1]. Text);
                        string t=Convert. ToString(r * 100);
                        if (t. Length > 5) t=t. Substring(0, 5);
                        gv. Rows[i]. Cells[3]. Text=t+ "%";
                }
        }
//-----------------------考核结果管理-------------------------
#endregion


        #region 以下是快速注册管理
//---------------------快速注册管理管理区域-------------------
        //以下插入应聘人员注册信息
        public static void insert_apply_reg(string id_no, string name, string sex, System.
Web. UI. Page pag)
        {
                if (id_no !="" && name !="")
```

```
        {
            string op_str="insert into 应聘者基本信息(身份证号,姓名,性别) values
('" + id_no + "','" +name + "','" + sex + "')";
            try
            {
                g_d. op_rec(op_str);
                pag. ClientScript. RegisterStartupScript(pag. GetType(), "", "<script
language=' javascript '>alert('成功注册。');</script>");
            }
            catch
            { pag. ClientScript. RegisterStartupScript(pag. GetType(), "", "<script
language=' javascript '>alert('注册失败。');</script>"); }
        }
        else
        { pag. ClientScript. RegisterStartupScript(pag. GetType(), "", "<script
language=' javascript '>alert('各项信息不能为空！');</script>"); }
    }
//················································快速注册管理管理区域····················································
#endregion


#region 应聘人员测试
//················································应聘人员测试····················································
//测试前身份验证
    public static void apply_log(System. Web. UI. WebControls. TextBox tb，System.
Web. UI. Page pag，System. Web. UI. WebControls. Label L _ id，System. Web. UI.
WebControls. Label L_name)
    {
        L_id. Text=""; L_name. Text="";
        string c_str = System. Configuration. ConfigurationManager. ConnectionStrings
["con_HRAS"]. ToString();
        SqlConnection con=new SqlConnection(c_str);
        con. Open();
        SqlDataReader rd;
        SqlCommand com=new SqlCommand("select 身份证号,姓名 from 应聘者基本
信息 where 身份证号='" + tb. Text + "'", con);
        rd=com. ExecuteReader();
        if (rd. Read())
        { L_id. Text=rd[0]. ToString(); L_name. Text=rd[1]. ToString(); }
        else
```

```
            {
                pag. ClientScript. RegisterStartupScript ( pag. GetType ( ), "", "〈script
language=' javascript '〉alert('输入身份证信息有误,请重新登录。');〈/script〉");
                tb. Text="";
            }
            con. Close();
    }
```

//抽取试题内容部分到网格
```
public static void show_test_item(System. Web. UI. WebControls. GridView gv)
    {
            string sql="select 试题编号,试题内容,能力类型 from 单选题";
            g_d. sql_out_grid(sql, gv);
    }
```

//生成单选按钮列表
```
public static void create_RBL(System. Web. UI. WebControls. GridView gv)
    {
        //以下生成选项数目列表数据集
        string c_str=System. Configuration. ConfigurationManager. ConnectionStrings
["con_HRAS"]. ToString();
        SqlConnection con=new SqlConnection(c_str);
        con. Open();
        SqlDataAdapter adp=new SqlDataAdapter("select 试题编号,count( * ) from 单
选题选项 group by 试题编号", con);
        System. Data. DataSet ds=new DataSet();
        adp. Fill(ds);
        //以下生成 RadioButtonList
        int r_c=gv. Rows. Count;
        for(int i=0;i〈r_c;i++)
                for(int j=0;j〈Convert. ToInt16(ds. Tables[0]. Rows[i][1]. ToString());j
++) ((RadioButtonList)gv. Rows[i]. FindControl("SelectRadioButtonList1")). Items. Add
((((char)(65+j)+") "). ToString());
        con. Close();
    }
```

//各选项添加到单选按钮列表
```
public static void option_attch_to_RBL(System. Web. UI. WebControls. GridView
gv)
    {
            string c_str=System. Configuration. ConfigurationManager. ConnectionStrings
["con_HRAS"]. ToString();
```

```
SqlConnection con＝new SqlConnection(c_str);
con. Open();
SqlDataAdapter adp＝new SqlDataAdapter("",con);
System. Data. DataSet ds＝new DataSet();
int r_c＝gv. Rows. Count;
for (int i＝0; i〈 r_c; i++)
{
        string key＝gv. Rows[i]. Cells[0]. Text;
        adp. SelectCommand. CommandText＝"select 选项内容 from 单选题选项
where 试题编号='" ＋ key ＋ "'";
        ds. Tables. Clear();
        adp. Fill(ds);
        for (int j＝0; j〈 ds. Tables[0]. Rows. Count; j++) ((RadioButtonList)
gv. Rows[i]. FindControl("SelectRadioButtonList1")). Items[j]. Text ＋＝ds. Tables[0].
Rows[j][0]. ToString();
        }
        con. Close();
    }
    //获得网格当前行
    public static int get_gv_curent_row(object ob)
    {
        RadioButtonList RBL＝(RadioButtonList)ob;
        GridViewRow gvr＝(GridViewRow)RBL. NamingContainer;
        return(gvr. RowIndex);
    }
    //获得当前答案并填充到网格
    public static void answer_to_cell(System. Web. UI. WebControls. GridView gv,int r)
    {
        int op _ index ＝ (( RadioButtonList ) gv. Rows [ r ]. FindControl ( "
SelectRadioButtonList1")). SelectedIndex;
        gv. Rows[r]. Cells[4]. Text＝((char)(65 ＋ op_index)). ToString();
    }
    //在测试结果中删除一行
    public static void del_in_test_result(string key)
    {
        string del_str＝"delete from 测试结果 where 试题编号='"＋key＋"'";
        g_d. op_rec(del_str);
    }
    //保存当前试题答案
```

```
public static void insert_answer(string apply_id，string test_item_no，string test_
answer，System. Web. UI. Page pag)
    {
        string op_str="insert into 测试结果(身份证号，试题编号，测试答案) values('"
+ apply_id + "','" + test_item_no + "','" + test_answer + "')";
        try
        {
            g_d. op_rec(op_str);
        }
        catch
        { pag. ClientScript. RegisterStartupScript ( pag. GetType ( )，""，"〈script
language=' javascript '〉alert('保存答案失败。');〈/script〉"); }
    }
```

// 试卷判分

```
public static void test_paper_count_grade(string id_key，System. Web. UI. Page p)
    {
        // 以下生成考生测试结果内存表
        string c_str = System. Configuration. ConfigurationManager. ConnectionStrings
["con_HRAS"]. ToString();
        SqlConnection con=new SqlConnection(c_str);
        con. Open();
        SqlDataAdapter adp=new SqlDataAdapter("select * from 测试结果 where 身
份证号='"+id_key+"'"，con);
        SqlCommandBuilder sb=new SqlCommandBuilder(adp);
        System. Data. DataSet ds=new DataSet();
        adp. Fill(ds);
        SqlDataReader rd;
        SqlCommand com=new SqlCommand(""，con);
        for (int i=0; i 〈 ds. Tables[0]. Rows. Count; i++)
        {
            // 在"单选题"表中根据 ds 中当前行检索
            string t_no=ds. Tables[0]. Rows[i][1]. ToString();
            string t_a=ds. Tables[0]. Rows[i][2]. ToString();
            string sql_str="select 分值 from 单选题 where 试题编号='" + t_no +
"' and 答案='" + t_a + "'";
            com. CommandText=sql_str;
            rd=com. ExecuteReader();
            if (rd. Read())
                ds. Tables[0]. Rows[i][3]=rd[0]. ToString();
```

```
        else
            ds. Tables[0]. Rows[i][3]="0";
        rd. Close();
    }
    try
    {
        adp. Update(ds. Tables[0]);
        p. ClientScript. RegisterStartupScript(p. GetType(), "", "〈script language
='javascript'〉alert('成功提交试卷。');〈/script〉");
    }
    catch
    { p. ClientScript. RegisterStartupScript(p. GetType(), "", "〈script language='
javascript'〉alert('提交试卷失败。');〈/script〉"); }
    con. Close();
}
// ----------------------------应聘人员测试----------------------------
#endregion      }
```

14.4.3 设计与实现

1) 主页设计

(1) 界面设计。主页界面设计如图 14.14 所示。

图 14.14 主页界面设计

主页中主要组件的设置如表 14.10 所示。

表 14.10　主页中主要组件设置

序号	组件设置说明	
1	组件标识	apply_Button
	组件类型	HtmlButton
	主要属性设置	(1) Style：BORDER—RIGHT：8pt outset；BORDER—TOP：8pt outset；FONT—WEIGHT：bold；FONT—SIZE：x—large；BORDER—LEFT：8pt outset；CURSOR：hand；COLOR：#0066ff；BORDER—BOTTOM：8pt outset；FONT—FAMILY：楷体_GB2312 2）Value：应聘人员入口
	功能说明	响应事件后转移到应聘人员操作页面
2	组件标识	back_admin_Button
	组件类型	HtmlButton
	主要属性设置	(1) Style：BORDER—RIGHT：8pt outset；BORDER—TOP：8pt outset；FONT—WEIGHT：bold；FONT—SIZE：x—large；BORDER—LEFT：8pt outset；WIDTH：246px；CURSOR：hand；COLOR：#0066ff；BORDER—BOTTOM：8pt outset；FONT—FAMILY：楷体_GB2312 (2) Value：后台管理员入口
	功能说明	响应事件后转移到后台管理操作页面

（2）实现功能。

① 实现链接到应聘人员操作页面。

② 实现链接到后台管理人员操作页面。

（3）代码实现。

```
//以下实现链接到应聘人员操作页面
protected void apply_Button_ServerClick(object sender, EventArgs e)
{
    Response. Redirect("apply. aspx");
}

//以下实现链接到后台管理人员操作页面
protected void back_admin_Button_ServerClick(object sender, EventArgs e)
{
    Response. Redirect("admin. aspx");
}
```

2）管理员模块的设计与实现

（1）管理员登录的设计与实现。

① 界面设计。管理员登录的界面设计如图 14.15 所示。

管理员登录界面的主要组件设置如表 14.11 所示。

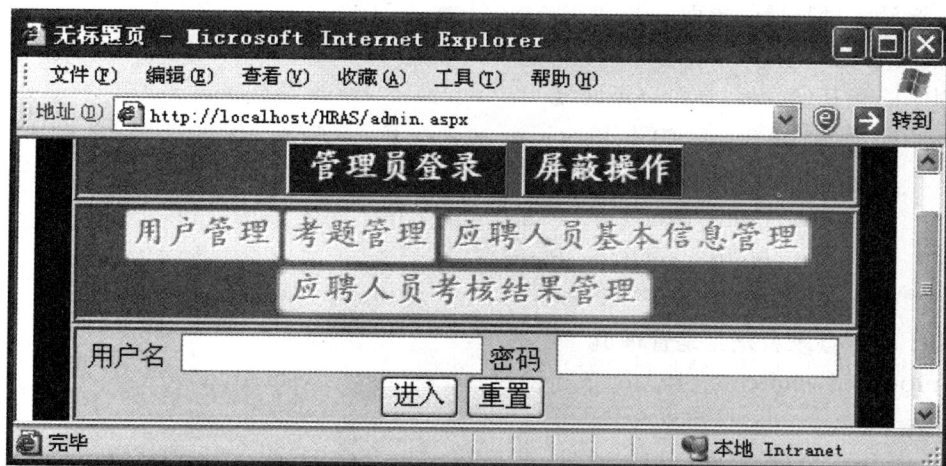

图 14.15 管理员登录界面设计

表 14.11 管理员登录界面的主要组件设置

序号		组件设置说明
1	组件标识	user_adm_Button
	组件类型	Button
	主要属性设置	Text：用户管理
	功能说明	响应 user_adm_Button_Click 事件后，让登录面板可见
2	组件标识	user_name_TextBox
	组件类型	TextBox
	主要属性设置	TextMode：SingleLine
	功能说明	用于输入用户名
3	组件标识	psw_TextBox
	组件类型	TextBox
	主要属性设置	TextMode：Password
	功能说明	用于输入密码
4	组件标识	enter_Button
	组件类型	Button
	主要属性设置	Text：进入
	功能说明	响应 enter_Button_Click 事件后，验证用户身份
5	组件标识	log_Panel
	组件类型	Panel
	功能说明	放置 user_adm_Button、user_name_TextBox、psw_TextBox、enter_Button、reset_Button 的容器
6	组件标识	reset_Button
	组件类型	Button
	主要属性设置	Text：重置
	功能说明	响应 reset_Button_Click 事件后，清除登录信息

② 实现功能。

◆ 实现管理员身份验证。

◆　激活管理员操作界面。

③ 代码实现。

// 以下隐藏其他面板,显示登录面板

protected void log_Button_Click(object sender, EventArgs e)

  {

    ui. hide_multi_panel(m1_Panel, m2_Panel, m3_Panel, m4_Panel);

    ui. disp_multi_panel(log_Panel);

  }

// 以下验证登录者是否是管理员

  protected void enter_Button_Click(object sender, EventArgs e)

  {

    data. check_admin(user_name_TextBox. Text, psw_TextBox. Text, this, nav_

Panel, log_Panel);

  }

  // 以下实现登录重置

  protected void reset_Button_Click(object sender, EventArgs e)

  {

    ui. reset_textbox(user_name_TextBox, psw_TextBox);

  }

(2) 管理员初始化用户的设计与实现。

① 界面设计。初始化用户的界面设计如图 14.16 所示。

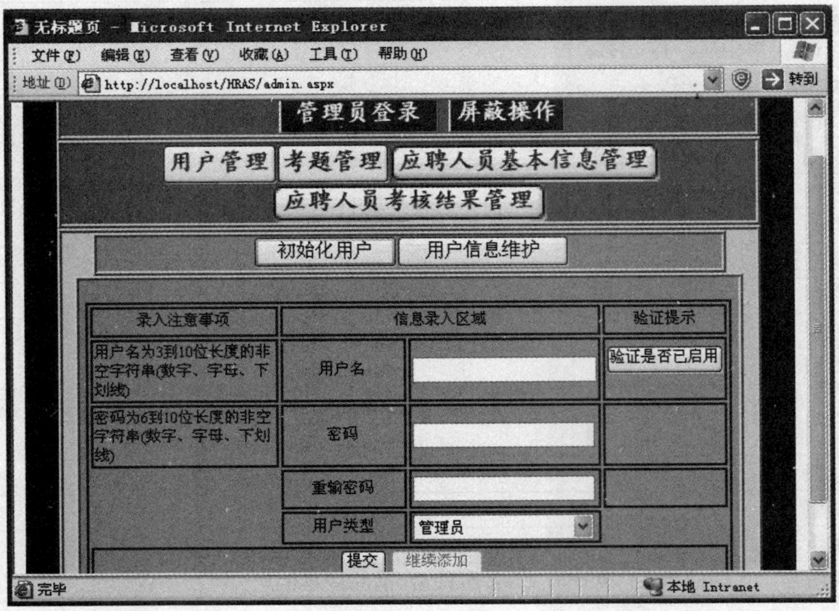

图 14.16　初始化用户界面

初始化用户的界面主要组件设置情况如表 14.12 所示。

表 14.12 初始化用户的界面主要组件设置

序号	组件设置说明	
1	组件标识	m12_Panel
	组件类型	Panel
	主要属性设置	BodreStyle：Ridge；Width：95％
	功能说明	放置 init_user_Table
2	组件标识	init_user_Button
	组件类型	Button
	主要属性设置	Text：初始化用户
	功能说明	响应 init_user_Button_Click 事件,显示初始化用户界面
3	组件标识	init_user_Table
	组件类型	HtmlTable
	主要属性设置	Style：BORDER－RIGHT：♯000099 thin solid；BORDER－TOP：♯000099 thin solid；FONT－SIZE：small；BORDER－LEFT：♯000099 thin solid；BORDER－BOTTOM：♯000099 thin solid
	功能说明	作为放置初始化用户界面组件的容器
4	组件标识	new_user_name_TextBox
	组件类型	TextBox
	主要属性设置	MaxLength：10
	功能说明	用于输入用户名
5	组件标识	new_user_psw_TextBox
	组件类型	TextBox
	主要属性设置	MaxLength：10；TextMode：Password
	功能说明	用于输入用户密码
6	组件标识	new_psw_TextBox
	组件类型	TextBox
	主要属性设置	MaxLength：10；TextMode：Password
	功能说明	用于第二次输入用户密码
7	组件标识	user_type_DropDownList
	组件类型	DropDownList
	主要属性设置	Items(Collection)：管理员、应聘人员
	功能说明	进行用户类型选择
8	组件标识	post_new_user_Button
	组件类型	Button
	主要属性设置	Text：提交
	功能说明	向后台插入一个新用户

② 实现功能。实现录入一个新用户。

③ 代码实现。

```
// 显示初始化用户面板
protected void init_user_Button_Click(object sender，EventArgs e)
    {
        ui. hide_multi_panel(m13_Panel)；
        ui. disp_multi_panel(m12_Panel)；
```

```
        }
// 在后台插入一个新用户
protected void post_new_user_Button_Click(object sender，EventArgs e)
        {
            data. add _ new _ user ( new _ user _ name _ TextBox. Text， new _ user _ psw _
TextBox. Text，user_type_DropDownList. SelectedItem. Text，this);
            ui. multi_button_enable(conti_add_user_Button);
            ui. multi_button_disable(post_new_user_Button);
        }
```

（3）用户信息维护的设计与实现。

① 界面设计。用户信息维护的界面设计如图 14.17 所示。

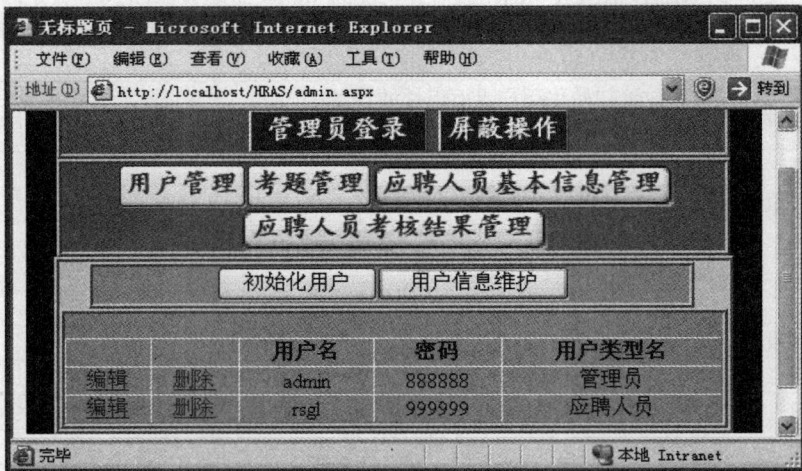

图 14.17　用户信息维护界面

用户信息维护界面的主要组件设置如表 14.13 所示。

表 14.13　用户信息维护界面的主要组件设置

序号	组件设置说明	
1	组件标识	user_inf_maint_Button
	组件类型	Button
	主要属性设置	Text：user_inf_maint_Button
	功能说明	响应 user_inf_maint_Button_Click 事件，显示用户维护界面
2	组件标识	m13_Panel
	组件类型	Panel
	主要属性设置	Width：90%
	功能说明	存放 user_GridView
3	组件标识	user_GridView
	组件类型	GridView
	主要属性设置	Columns(Collection)：编辑、更新、取消、删除
	功能说明	用户维护的网格

② 实现功能。

◆　实现对用户信息的编辑。

◆　实现对用户信息的更新。

◆　实现对用户信息的删除。

③ 代码实现。

```
//以下显示用户维护界面
    protected void user_inf_maint_Button_Click(object sender，EventArgs e)
    {
        ui. hide_multi_panel(m12_Panel)；
        ui. disp_multi_panel(m13_Panel)；
        data. show_user(user_GridView)；
    }
//以下删除一个用户
protected void user_GridView_RowDeleting(object sender，GridViewDeleteEventArgs e)
    {
        string u_name=user_GridView. Rows[e. RowIndex]. Cells[2]. Text；
        data. del_user(this，del_check，u_name)；
        data. show_user(user_GridView)；
    }
//以下将用户信息设置成编辑状态
    protected void user_GridView_RowEditing(object sender，GridViewEditEventArgs e)
    {
        ViewState["old_u_name"]=user_GridView. Rows[e. NewEditIndex]. Cells
[2]. Text；
        data. set_user_edit(user_GridView，e. NewEditIndex)；
    }
//以下取消用户编辑状态
    protected void user_GridView_RowCancelingEdit(object sender，GridViewCancelEditEventArgs e)
    {
        data. cancel_user_edit(user_GridView)；
    }
//以下实现对用户信息的更新
    protected void user_GridView_RowUpdating(object sender，GridViewUpdateEventArgs e)
    {
        int r=e. RowIndex；
        string old_u_name=(String) ViewState["old_u_name"]；
        string new_u_name=((System. Web. UI. WebControls. TextBox) user_
GridView. Rows[r]. Cells[2]. Controls[0]). Text；
        string new_psw=((System. Web. UI. WebControls. TextBox) user_GridView.
```

Rows[r]. Cells[3]. Controls[0]). Text;

    string new _ u _ type = ((System. Web. UI. WebControls. TextBox) user _ GridView. Rows[r]. Cells[4]. Controls[0]). Text;

        data. upd_user(old_u_name, new_u_name, new_psw, new_u_type, user_ GridView, this);

    }

(4) 管理员定义考题的设计与实现

① 界面设计。管理员定义考题的界面设计如图 14.18 所示。

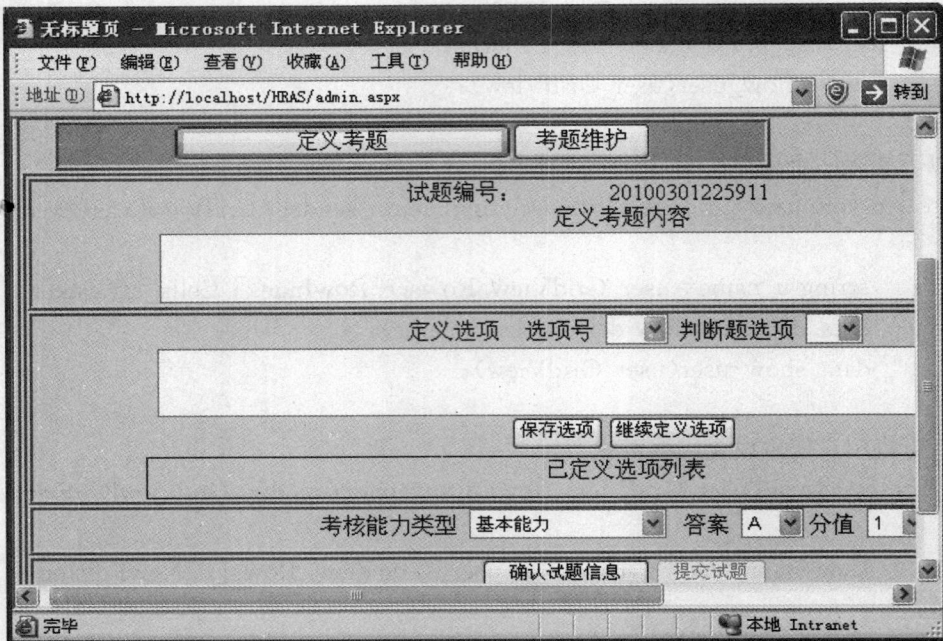

图 14.18　管理员定义考题的界面设计

管理员定义考题界面的主要组件设置如表 14.14 所示。

表 14.14　管理员定义考题界面的主要组件设置

序号		组件设置说明
1	组件标识	define_test_item_Button
	组件类型	Button
	主要属性设置	Text:定义考题
	功能说明	响应 define_test_item_Button_Click,进入定义界面
2	组件标识	item_no_Label
	组件类型	Label
	功能说明	显示当前试题的唯一编号
3	组件标识	test_item_m_TextBox
	组件类型	TextBox
	主要属性设置	TextMode:MultiLine
	功能说明	用于输入试题主干部分内容

序号		组件设置说明	
4	组件标识	opt_no_DropDownList	
	组件类型	DropDownList	
	主要属性设置	Items(Collection)：A、B、C、D、E、F、G、H、I、J、K	
	功能说明	用于选择试题选项号	
5	组件标识	judge_DropDownList	
	组件类型	DropDownList	
	主要属性设置	Items(Collection)：对、错	
	功能说明	用于选择判断题选项	
6	组件标识	option_TextBox	
	组件类型	TextBox	
	主要属性设置	TextMode：MultiLine	
	功能说明	用于输入试题选项部分内容	
7	组件标识	save_ch_Button	
	组件类型	Button	
	主要属性设置	Text：保存选项	
	功能说明	激活临时保存试题各选项事件	
8	组件类型	Button	
	主要属性设置	Text：继续定义选项	
	功能说明	激活继续定义选项	
9	组件标识	option_list_GridView	
	组件类型	GridView	
	功能说明	临时保存试题各选项	
10	组件标识	ab_type_DropDownList	
	组件类型	DropDownList	
	功能说明	用于绑定考核能力类型	
11	组件标识	answer_DropDownList	
	组件类型	DropDownList	
	功能说明	用于绑定答案选项	
12	组件标识	grade_DropDownList	
	组件类型	DropDownList	
	功能说明	用于绑定试题的分值	
13	组件标识	confirm_item_Button	
	组件类型	Button	
	主要属性设置	Text：确认试题信息	
	功能说明	响应 confirm_item_Button_Click 事件，激活提交试题按钮	
14	组件标识	post_item_Button	
	组件类型	Button	
	主要属性设置	Text：提交试题	
	功能说明	响应 post_item_Button_Click，保存当前试题到后台	

② 实现功能。

◆ 录入判断题。

◆ 保存当前录入的判断题到后台数据库。

◆ 录入选择题。

◆ 保存当前录入的选择题到后台数据库。

③ 代码实现。

```
//以下是定义考题前初始化
protected void define_test_item_Button_Click(object sender，EventArgs e)
    {
        ui. clear_item_ch(test_item_m_TextBox, option_TextBox);
        System. Data. DataSet opt_list_ds＝new DataSet();
        ViewState["op_ds"]＝opt_list_ds;
        ui. disp_multi_panel(m22_Panel);
        ui. hide_multi_panel(m23_Panel);
        g_d. droplist_b_xml(ab_type_DropDownList, Request. PhysicalApplicationPath +
"ablity_type. xml", "a_name");
        data. ds_read_empty_option_XML(opt_list_ds, Request. PhysicalApplicationPath
+ "op_list. xml", option_list_GridView);
        item_no_Label. Text＝System. DateTime. Now. ToString("yyyyMMddHHmmss");
        post_item_Button. Enabled＝false;
    }

    //以下选择判断选项时激发事件
protected void judge_DropDownList_SelectedIndexChanged(object sender，EventArgs e)
    {
        option_TextBox. Text＝judge_DropDownList. SelectedItem. Text;
        judge_DropDownList. SelectedIndex＝0;
    }

    //以下保存当前选项
  protected void save_ch_Button_Click(object sender，EventArgs e)
    {
        if (test_item_m_TextBox. Text!＝"" && option_TextBox. Text !＝"" &&
opt_no_DropDownList. SelectedItem. Text !＝"")
        {
            data. app_row_in_ds_out_grid((System. Data. DataSet)ViewState["op_
ds"], item_no_Label. Text, opt_no_DropDownList. SelectedItem. Text, option_TextBox.
Text, option_list_GridView);
            ui. def_item_disable(def_item_1_Panel, def_item_2_Panel, option_
TextBox, save_ch_Button);
        }
        else
            this. ClientScript. RegisterStartupScript(this. GetType(), "", "〈script
```

```
language=' javascript '>alert('考题内容,选项号及选项内容不能为空。');</script>");
        }
    //以下继续定义选项
        protected void con_def_ch_Button_Click(object sender，EventArgs e)
        {
            ui. def_item_enable(def_item_1_Panel，def_item_2_Panel，save_ch_Button);
            opt_no_DropDownList. SelectedIndex=0；
        }
    //以下确认试题信息
        protected void confirm_item_Button_Click(object sender，EventArgs e)
        {
            if (test_item_m_TextBox. Text !="" && ((System. Data. DataSet)ViewState
["op_ds"]). Tables[0]. Rows. Count !=0)
            { post_item_Button. Enabled=true; }
            else
                this. ClientScript. RegisterStartupScript (this. GetType ( )，""， "<script
language=' javascript '>alert('考题内容,选项内容不能为空。');</script>");
        }
    //以下提交试题到后台数据库
        protected void post_item_Button_Click(object sender，EventArgs e)
        {
            try
            {
                data. insert_item_main(item_no_Label. Text，test_item_m_TextBox.
Text，ab_type_DropDownList. SelectedItem. Text，answer_DropDownList. SelectedItem.
Text，grade_DropDownList. SelectedItem. Text);
                data. insert_item_op((System. Data. DataSet)ViewState["op_ds"])；
                this. ClientScript. RegisterStartupScript (this. GetType ( )，""， "<script
language=' javascript '>alert('成功提交试题。');</script>");
            }
            catch
            { this. ClientScript. RegisterStartupScript (this. GetType ( )，""， "<script
language=' javascript '>alert('提交试题失败。');</script>"); }
            post_item_Button. Enabled=false；
        }
```

(5) 应聘人员考核结果管理的设计与实现。

① 界面设计。应聘人员考核结果管理的界面设计如图 14.19 所示。

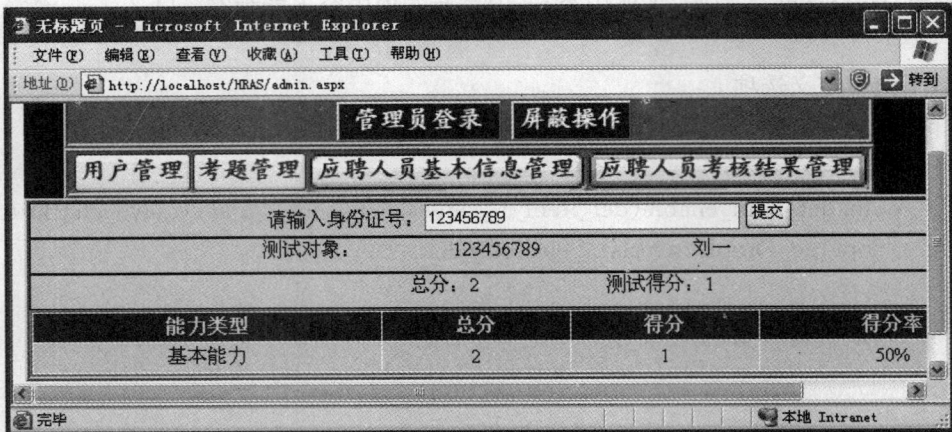

图 14.19　应聘人员考核结果管理的界面设计

应聘人员考核结果管理界面的主要组件设置如表 14.15 所示。

表 14.15　应聘人员考核结果管理界面的主要组件设置

序号		组件设置说明
1	组件标识	test_result_adm_Button
	组件类型	Button
	主要属性设置	Text:应聘人员考核结果管理
	功能说明	响应 test_result_adm_Button_Click,进入查看考核结果界面
2	组件标识	id_log_TextBox
	组件类型	TextBox
	功能说明	输入应聘者身份证号
3	组件标识	id_log_Button
	组件类型	Button
	主要属性设置	Text:提交
	功能说明	响应 id_log_Button_Click,查看应聘者考核结果
4	组件标识	apply_id_Label
	组件类型	Label
	功能说明	用于显示测试者身份证号
5	组件标识	name_Label
	组件类型	Label
	功能说明	用于显示测试者姓名
6	组件标识	total_grade_Label
	组件类型	Label
	功能说明	用于显示试题总分
7	组件标识	score_Label
	组件类型	Label
	功能说明	用于显示应聘者的实际得分
8	组件标识	score_st_GridView
	组件类型	GridView
	功能说明	显示按题型统计应聘者的得分及得分率情况

② 实现功能。

◆　计算应聘者的得分。

◆　按题型统计应聘者的得分及得分率情况。

③ 代码实现。

```
//以下显示查看考核结果界面
    protected void test_result_adm_Button_Click(object sender，EventArgs e)
    {
        ui. disp_multi_panel(m4_Panel);
        ui. hide_multi_panel(m2_Panel，m3_Panel，m1_Panel);
    }
//以下计算应聘者的得分情况并按题型统计应聘者的得分及得分率情况
    protected void id_log_Button_Click(object sender，EventArgs e)
    {
        data. apply_log(id_log_TextBox，this，apply_id_Label，name_Label);
        if (apply_id_Label. Text !="")
        {
            data. total_score(total_grade_Label);
            data. get_score(apply_id_Label. Text，score_Label);
            data. out_total_grade(score_st_GridView);
            data. score_to_gv(apply_id_Label. Text，score_st_GridView);
            data. score_rate(score_st_GridView);
        }
    }
```

3）应聘人员模块的设计与实现

（1）应聘人员登录的设计与实现。

① 界面设计。应聘人员登录的界面设计如图 14.20 所示。

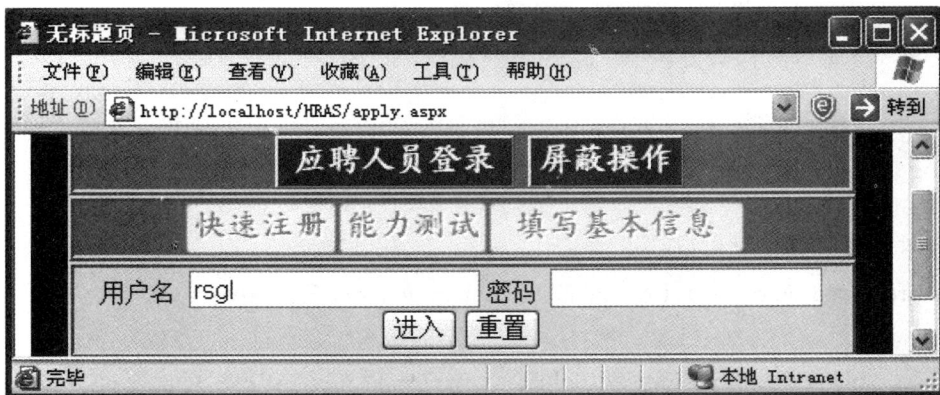

图 14.20　应聘人员登录的界面设计

应聘人员登录界面的主要组件设置如表 14.16 所示。

表 14.16　应聘人员登录界面的主要组件设置

序号	组件设置说明	
1	组件标识	log_Button
	组件类型	Button
	主要属性设置	Text：应聘人员登录
	功能说明	响应 log_Button_Click 事件，显示登录界面
2	组件标识	user_name_TextBox
	组件类型	TextBox
	功能说明	输入用户名
3	组件标识	psw_TextBox
	组件类型	TextBox
	功能说明	输入登录密码
4	组件标识	enter_Button
	组件类型	Button
	主要属性设置	Text：进入
	功能说明	响应 enter_Button_Click 事件，进行应聘人员身份验证
5	组件标识	reset_Button
	组件类型	Button
	主要属性设置	Text：重置
	功能说明	响应 reset_Button_Click 事件，清除登录信息

② 实现功能。对应聘人员登录到相应操作界面进行身份验证。

③ 代码实现。

```
//以下显示身份验证界面
protected void log_Button_Click(object sender，EventArgs e)
    {
        ui. hide_multi_panel(m1_Panel，m2_Panel，m3_Panel)；
        ui. disp_multi_panel(log_Panel)；
    }
//以下对应聘人员进行身份验证
protected void enter_Button_Click(object sender，EventArgs e)
    {
        data. check_apply(user_name_TextBox. Text，psw_TextBox. Text，this，nav_
Panel，log_Panel)；
    }
//以下清除登录信息
protected void reset_Button_Click(object sender，EventArgs e)
    {
        ui. reset_textbox(user_name_TextBox，psw_TextBox)；
    }
```

（2）应聘人员快速注册的设计与实现。

① 界面设计。应聘人员快速注册的界面设计如图 14.21 所示。

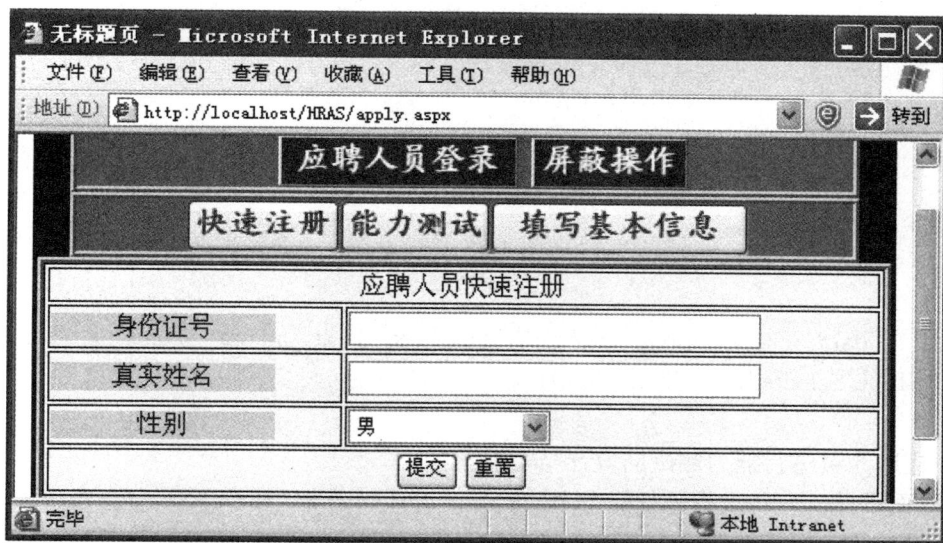

图 14.21 应聘人员快速注册的界面设计

应聘人员快速注册界面的主要组件设置情况见表 14.17 所示。

表 14.17 应聘人员快速注册界面的主要组件设置

序号		组件设置说明
1	组件标识	rapid_reg__Button
	组件类型	Button
	主要属性设置	Text:快速注册
	功能说明	响应 rapid_reg__Button_Click,显示快速注册界面
2	组件标识	id_TextBox
	组件类型	TextBox
	功能说明	用于录入应聘者身份证号
3	组件标识	name_TextBox
	组件类型	TextBox
	功能说明	用于录入应聘者姓名
4	组件标识	sex_DropDownList
	组件类型	DropDownList
	功能说明	用于选择性别
5	组件标识	post_reg_Button
	组件类型	Button
	主要属性设置	Text:提交
	功能说明	响应 post_reg_Button_Click 事件,存储注册信息到后台

② 实现功能。

◆ 显示快速注册界面。

◆ 提交应聘注册信息到后台。

③ 代码实现。

// 以下显示注册界面

```
protected void rapid_reg__Button_Click(object sender，EventArgs e)
    {
        ui. disp_multi_panel(m1_Panel);
        ui. hide_multi_panel(m2_Panel，m3_Panel);
    }
```
// 以下提交注册信息
```
protected void post_reg_Button_Click(object sender，EventArgs e)
    {
        data. insert_apply_reg(id_TextBox. Text，name_TextBox. Text，sex_
DropDownList. SelectedItem. Text，this);
    }
```

（3）应聘人员进行能力测试的设计与实现。

① 界面设计。应聘人员进行能力测试的界面设计如图 14.22 所示。

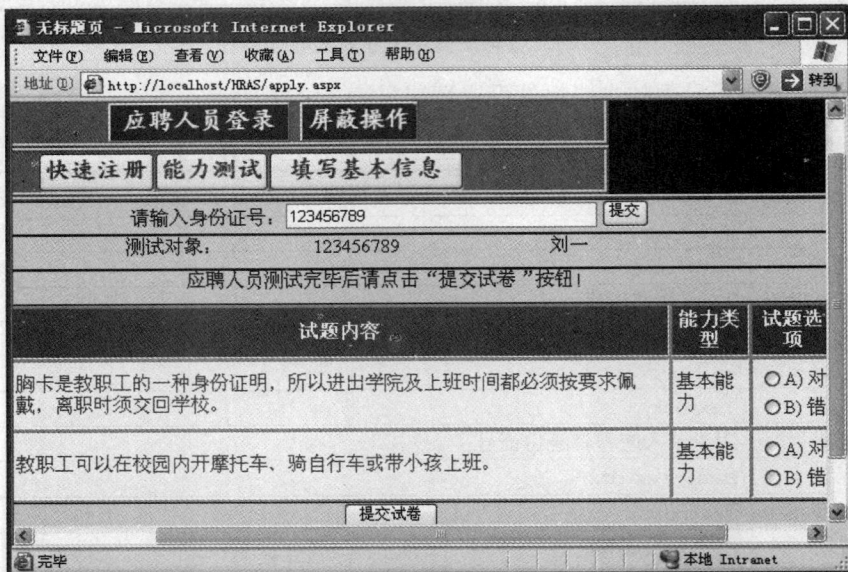

图 14.22　应聘人员进行能力测试的界面设计

应聘人员进行能力测试界面的主要组件设置如表 14.18 所示。

表 14.18　应聘人员进行能力测试界面的主要组件设置

序号		组件设置说明
1	组件标识	id_log_TextBox
	组件类型	TextBox
	功能说明	用于输入应聘者身份证号
2	组件标识	id_log_Button_Click
	组件类型	Button
	主要属性设置	Text：提交
	功能说明	响应 id_log_Button_Click 事件，验证测试者身份

（续表）

序号	组件设置说明	
3	组件标识	apply_id_Label
	组件类型	Label
	功能说明	显示应聘者身份证号
4	组件标识	name_Label
	组件类型	Label
	功能说明	显示应聘者姓名
5	组件标识	test_GridView
	组件类型	GridView
	主要属性设置	Columns(Collection)：试题编号、试题编号、能力类型、试题选项、测试答案
	功能说明	用于存放测试试题
6	组件标识	post_test_Button
	组件类型	Button
	主要属性设置	Text：提交试卷
	功能说明	响应 post_test_Button_Click 事件，存储测试结果到后台

② 实现功能。

◆　测试之前身份验证。

◆　应聘者进行测试。

◆　提交应聘者测试结果到后台。

③ 代码实现。

// 以下实现测试之前身份验证并进行试卷初始化工作

```
protected void id_log_Button_Click(object sender，EventArgs e)
    {
        data. apply_log(id_log_TextBox，this，apply_id_Label，name_Label)；
        if (name_Label. Text !="")
        {
            data. show_test_item(test_GridView)；
            data. create_RBL(test_GridView)；
            data. option_attch_to_RBL(test_GridView)；
        }
    }
```

// 以下提交应聘者测试结果到后台

```
    protected void post_test_Button_Click(object sender，EventArgs e)
    {
        data. test_paper_count_grade(apply_id_Label. Text，this)；
    }
```

参 考 文 献

[1] 什么是信息系统[EB/OL]. http://syue.com/Answer/Computer/45476.html.

[2] Grady Booch James Rumbaugh Ivar Jacobson. UML 用户指南(第二版)[M]. 邵维忠,麻志毅,马浩海,刘辉,译. 北京:人民邮电出版社,2006.

[3] 冀振燕. UML 系统设计与应用案例[M]. 北京:人民邮电出版社,2003.

[4] .NET 中数据库存储过程的使用[EB/OL]. http://qingsoft.cn/archiver/tid-493.html.

[5] 王伟达,芦东昕,孟照星. 关系数据库与 XML 的双向数据传输的机制与实现[J]. 计算机应用研究. 2005, 22(2):164-166.

[6] 贾素玲,王强. XML 技术应用[M]. 北京:清华大学出版社,2007.

[7] 精确计算代码执行时间[EB/OL]. http://www.cnblogs.com/aiyagaze/archive/2006/09/23/512507.2006.

[8] 丁跃潮,张涛. XML 实用教程[M]. 北京:北京大学出版社,2006.